两周一件，送给狗狗爱的亲手礼

27种爱犬生活用品DIY

◎DOG NEWS 编辑部 编著

中国农业大学出版社

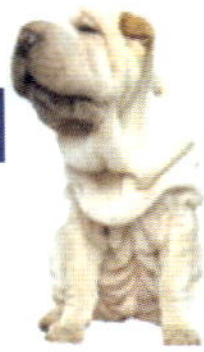

每个创意，
都是幸福的起点

宝贝要用的东西，真想亲自帮他量身订做！宠狗爸妈的这份心意，我们收到了。《27种爱犬生活用品DIY》的出版，就是为了陪伴您实现这个梦想——用亲手制作的宠物用品，来提升狗宝贝的生活舒适度和趣味性。

长期以来，《DOG NEWS犬物语》的DIY单元，一直广受读者欢迎。尤其从周休两日实施之后，在读者回函中表示“我也想试试看！”的人数激增，大家起了兴致，想按照书上所说的，做出一些好东西送给狗宝贝，编辑部甚至会接到来商讨怎么选择材料的询问电话。

《27种爱犬生活用品DIY》这本书具有四个特色——

【取材方便】多数材料从生活中可回收取得。

【操作容易】Step by Step，绝对做得出来。

【适用明确】宠爱狗，对DIY有兴趣的爸妈。

【即刻拥有】你家宝贝从此有专属生活用品。

使用的材料，大多数是可从周遭搜罗的，例如：宝特瓶、破牛仔裤、旧衬衫、毛巾、浴室防滑垫、菜篮车、松紧带、晾衣架、防水环保袋、坏掉的小皮球、小碎布……。透过狗爸妈爱的魔法，不起眼的小东西化身为创意好物，这，就是DIY的魔力。

本书的出版，要感谢长时间以来，共同努力的好朋友，包括提供协力和示范的老师们、致力拍出最清晰照片的摄影师们，还有《DOG NEWS犬物语》的编辑们——无论是采编、执编，还是特约好朋友，感谢大家怀抱相同的梦想，把DIY的精神和创意，一棒接着一棒呈现给读者。

每个创意，都是幸福的起点。现在，你和狗宝贝有了好多共同的目标——每两周挑战一个DIY点子，保证你的休闲生活会充满乐趣。而狗宝贝，你看，他已经摇着尾巴，在期待爸妈送的亲手礼啰！

KAMU

DOG
DOG

ontents

April

May

June

ontents

撰文／Elung
摄影／王宏海
感谢协力／Garfield

恭喜发财，狗狗也喜气！

狗来富红包袋

喜气洋洋过春节，当然不忘狗宝贝，虽然有的狗狗不喜欢穿衣、戴帽，至少我们可以帮他特制一个专属红包袋，让他分享过年的喜悦。红包象征着压岁、长命的祝福，狗狗，爸妈要祝你：“身体健康！新年快乐！”

Idea for my dog!

中国人觉得鲜艳的红、黄颜色最喜气，所以可运用余的布或不要的衣服裁剪缝制。春节期间带狗狗出门，戴上这可爱的红包袋，狗狗和你都会成为大家注目的焦点，还能引人会心一笑，这真是最好的福报！

1 January

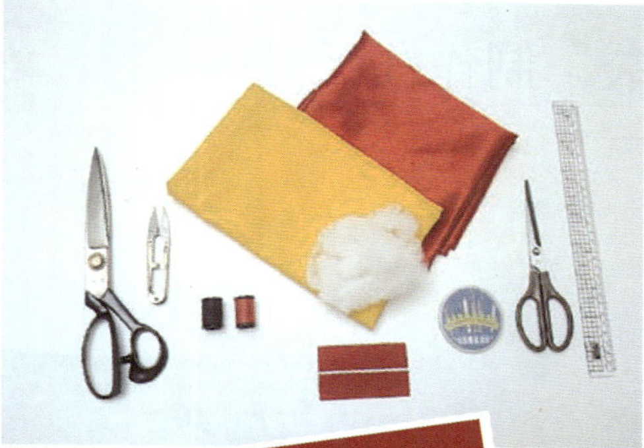

工具及材料

红黄色布料、棉花、魔鬼毡、剪刀、针、线、尺

难易指数

材料取得	★☆☆☆
制作难度	★★☆☆
实 用 度	★★★★

每到中国人最重视的除夕团圆日前夕，家家户户忙着张罗采买，深怕漏掉什么细节让喜气氛围少了，一整年的好运也会跑掉了。人人穿新衣、戴新帽，狗狗呢？该帮他做什么呢？如果在除夕夜也帮狗宝贝戴上红包袋，这样够喜气吧！

有鉴于一般纸的红包袋容易掉落和破损，我们现在要制作的“狗来富红包袋”可就坚固耐用多了，而且不管狗宝贝体型如何，只要按照本篇提供的基础样版，再跟着示范照片逐步执行，保证30分钟以内，你家狗狗的颈上便可以戴着你的杰作。过年的时候给狗狗戴上，带着他一起外出拜年，所有朋友都会衷心赞美你家狗宝贝的俏皮可爱呢！

“狗来富红包袋”制作样版

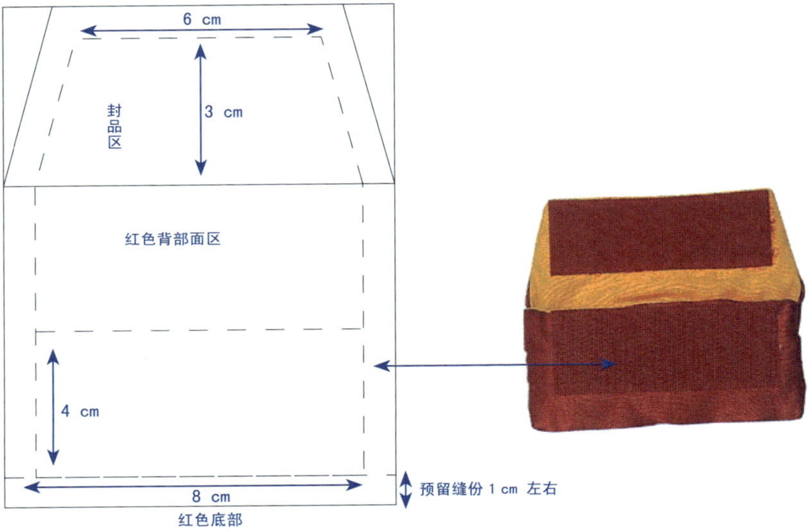

狗来富红包的基本款式是固定的。在设计样式方面，以狗狗佩戴的方便性、舒适性为优先考虑；其次还得考虑到红包的大小，必须能够放得下硬币与钞票。本样版为最小犬适用比例，你还可以自行缩放大小，做出适合你家宝贝体型的红包。

另外，整体设计不须过于华丽，但是一定要有喜庆气氛，你可以斟酌是否在红包正面安排放上爱犬的名字，或是设计个“福”字。总之，除了基本的样版之外，你更可以发挥自己的创作灵感，在最方便快速的工作流程之下，制作出狗来富红包袋。

“狗来富红包袋”制作流程

狗来富红包袋的制作程序，可分为六个部分：画样版、缝纫里外布料、塞入棉絮折形、收尾藏针缝、红包袋正背面缝合以及美术加工时间。熟能生巧，多做几个之后，基本上，制作一个狗来富红包袋的时间还不到30分钟哩！有较多时间的读者，还可多做几个送给养狗的亲朋好友，保证这绝对是个让人难以忘怀的新年好礼。

先画样版，缝纫速度会更快

1 在红布与里布上分别用铅笔画出同样的版型，以方便缝合过程精确无误。至于缝份区域请自行斟酌，基本上以1 cm为准。

2 样版画好之后，请将红布与里布各自剪下，准备开始缝制。

Tips!

基本样版预设为长8 cm，宽4 cm的比例。你可以根据自家狗宝贝的身材，再根据这个2:1比例，自行放大或缩小。

缝纫两层布料，细心让里外平整对齐

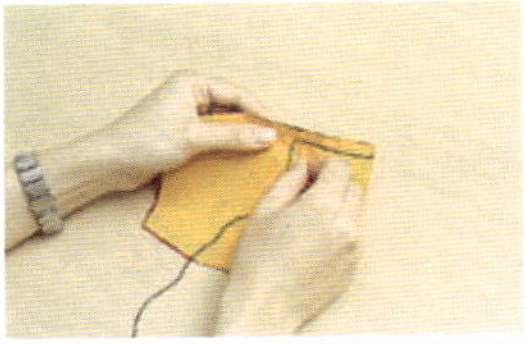

3 请将红布与里布上下相叠，准备缝合。

Tips!

缝合前确定两块布的铅笔打样面均朝外，才可以开始缝合。

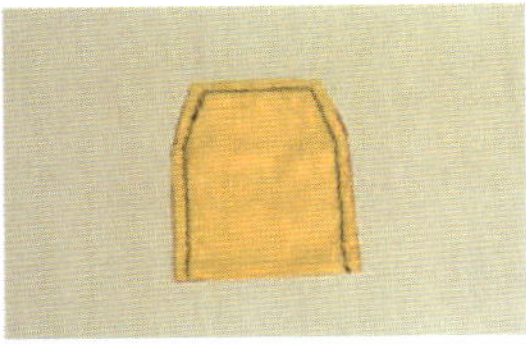

4 缝合的时候，请确实沿着铅笔打样的缝合线缝合。在缝合过程中，也要不时地确定两块布完整相叠。

5 两块缝合至剩下底部区域为止，并且将缝合好的半成品翻面。

Tips!

此时可先预热家中熨斗，会在下一阶段使用到。

塞入棉花，让红包袋更厚实温暖

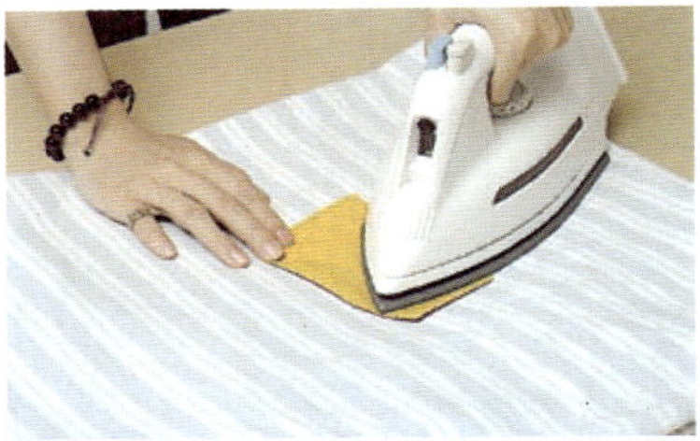

6 翻面之后，就不会看到缝合线露出。此时请用熨斗将整个半成品烫平，使其更服贴。

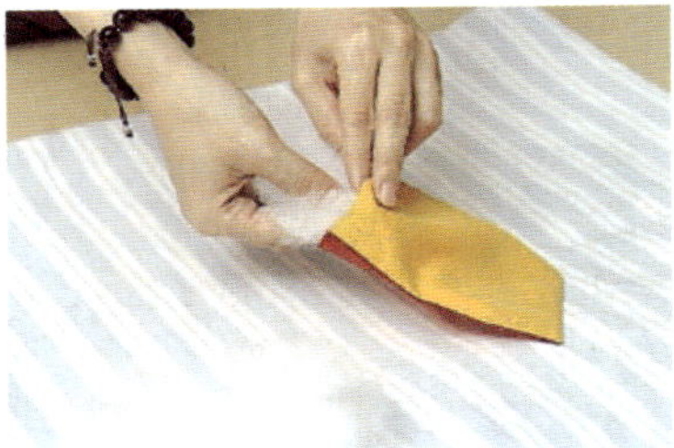

7 先塞棉花至红布与里布当中的封口区域（封口区请见样版）。先将棉花撕成少许量，慢慢塞入才会均匀平整。

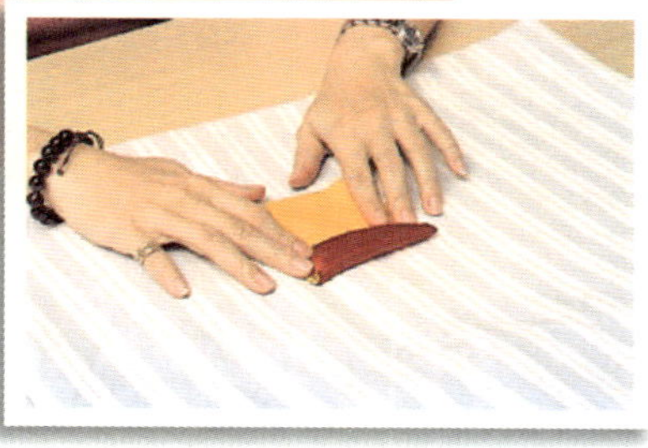

8 接着将封口区先折下来，并且用熨斗烫出折线。

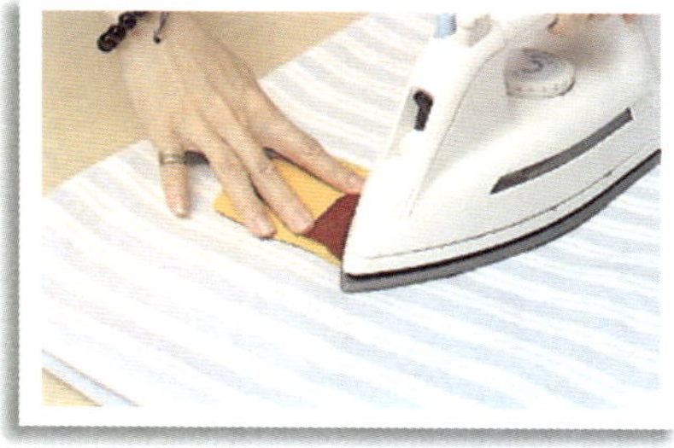

9 另将棉花塞入红布与里布的正面区与反面区，并且也要用熨斗烫出折线。

收尾缝合，红包袋主体完成

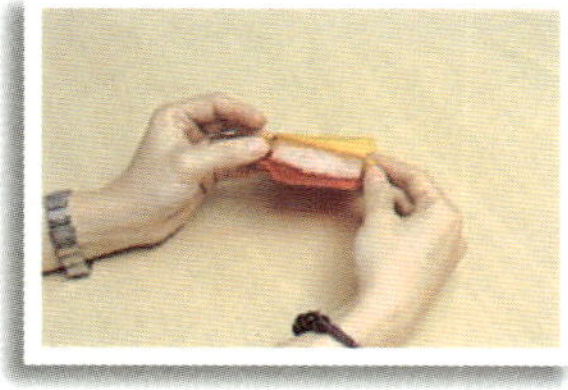

10 塞完棉花之后，请完成红布与里布的底部缝合工作。先将左右两端往内折入。

11 再将红布与里布也往内折。

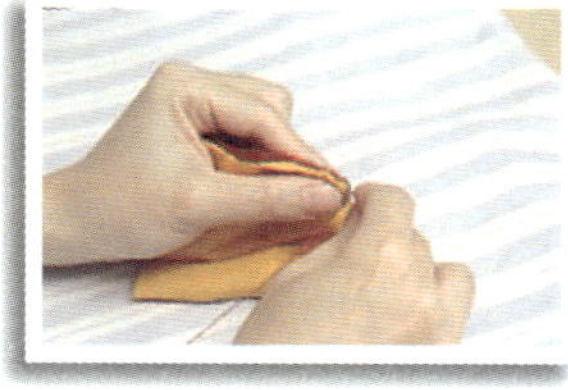

12 最后请用藏针缝将此处缝合；若不擅长藏针缝的技巧，使用一般缝法也可以。

正背面缝合，里布朝外是重点

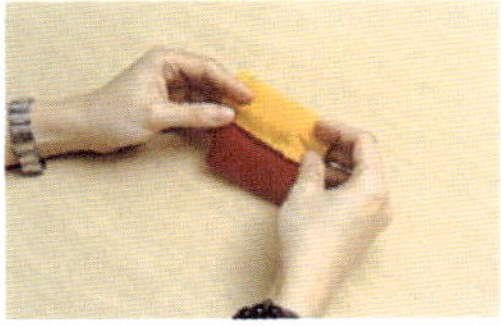

13 现在会看到一个类似本垒板的红包袋主体。请将红包的正面区与背面区对折，完成时里布是朝外的。

14 开始将对折处的左右两边缝合。

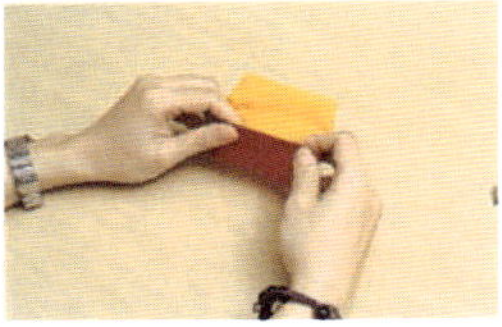

15 缝合完成请将红包外翻，露出红布面。

Tips!
可随时利用熨斗将形状折线烫得更明显。

外观加工：魔鬼毡、项圈扣环、图样上场

16 将魔鬼毡黏到封口区以及对应的正面区。

17 将背面区缝上扣环，必须是狗狗项圈可穿过的宽度。

18 封口区的外面空间可做字样或是图案造型，例如“DOG”。

1 January

超级卡哇伊的新年装饰

完成啰！只要将狗狗的项圈穿过背面扣环，便可将“狗来富红包袋”戴在他的颈上，超级卡哇伊唷！同样的设计也可换成其他布料或尺寸，做成外出的小小皮包唷！

撰文／陈丽平
摄影／陈彦豪

出游、访友都安心

好男孩专用礼貌带

出门访友和旅行，带着狗宝贝同行是再欢乐不过了！不过，男生狗喜欢四处做记号、宣示主权的习惯，总是让爸妈徒留一次又一次的尴尬。其实，只要有一条腰带，就可以解救爸妈悬在空中的心……。

Idea for my dog!

多数男生狗若及早结扎就不会衍生尿标记的习惯，可是如果这习惯已养成，就比什么都难戒除。从女生狗穿生理裤的印象延伸，于是想到男生狗若围上一条带子，乱尿尿的问题就可望克服。当然，要记得为他选择柔软的材质喔！

1 January

工具及材料

魔鬼毡、手缝线、皮尺、签字笔、剪刀、针、不织布两块（不同色）

难易指数

材料取得 ★☆☆☆

制作难度 ★★☆☆

实 用 度 ★★★★

家中有男生狗的家长们，一定常碰到这样的困扰：带宝贝儿子出门时，他总喜欢用“喷洒”的方式，东做一个记号，西做一个记号；在户外还不打紧，要是在朋友家里，可就尴尬极了！帮狗狗穿上纸尿裤或许是一个解决方法，但是帮他打扮得漂漂亮亮，小屁屁却包上一层尿裤，实在有损威风啊！有什么方法可以让狗狗一直保持帅气的模样，又能解决他不断做记号的困扰呢？

本篇要教狗爸妈利用布和针线，替狗狗量身打造帅气十足的贴身防尿腰带，只要利用布料加上一点巧思，从此以后出门就不用怕狗狗“到此一尿”，即使出入公共场所也可以很安心哦！

“好男孩专用礼貌带”制作流程

好男孩专用礼貌带的制作时间，决定于个人的针法熟练度。针线功夫不到家的朋友也不必紧张，因为带子最后会翻过面来，所以只要慢慢缝，把线缝牢、缝直（可以靠画线帮忙）就行了。

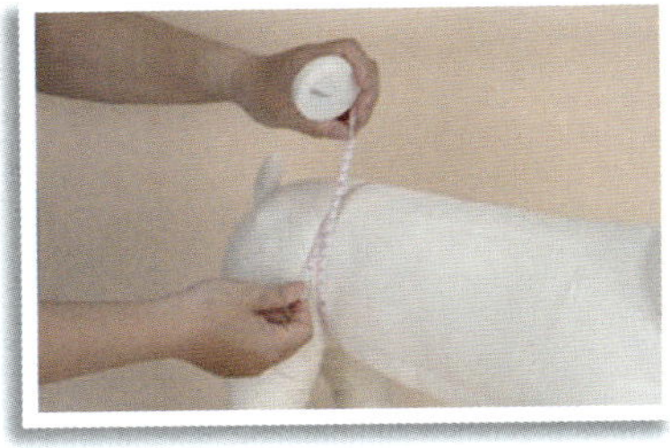

1 首先用皮尺量狗狗的下半腹围长度。

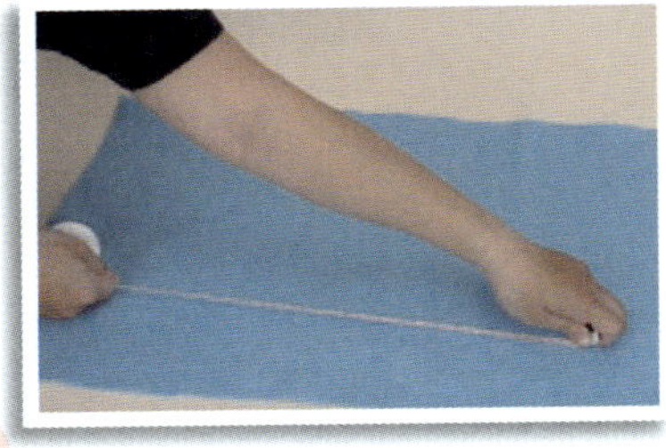

2 接着准备一块布，测量大约需要的长度，注意布的长度要比狗狗的腹围多出5～10 cm，宽度则可随喜好而订。如果预计做出7 cm宽的成品，那么裁切时请抓2倍的宽度，再加上0.5 cm（预留缝线外侧宽度），即14.5 cm。

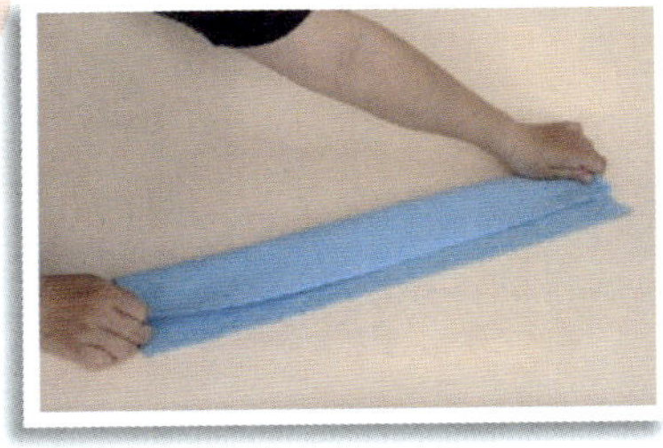

3 将裁切好的布对折成长方形。

Tips!
对折时，请对齐边线，否则最后缝出的带子会变形。

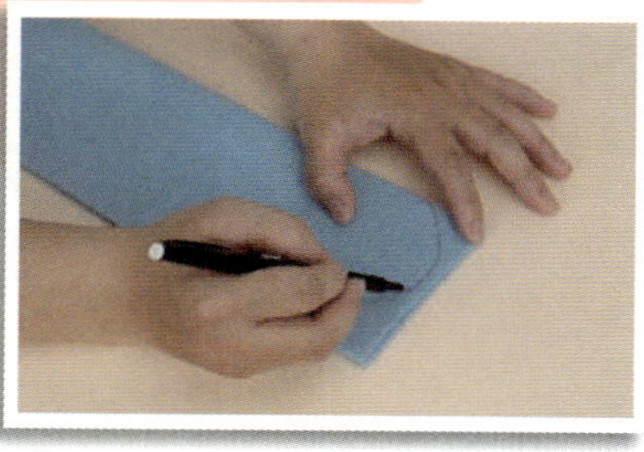

4 用签字笔在布上画出一个圆弧线。

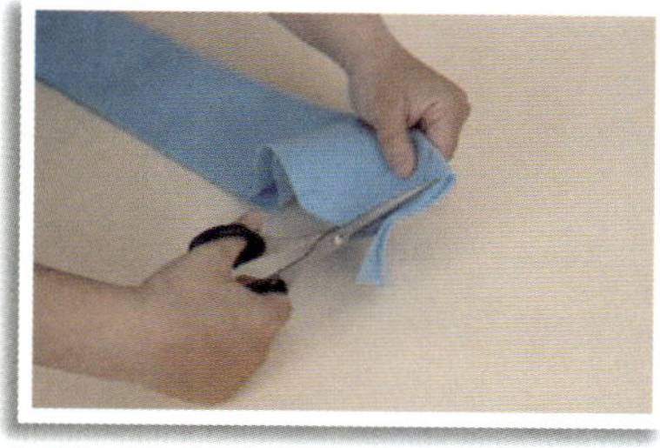

5 用剪刀剪掉不要的部分。

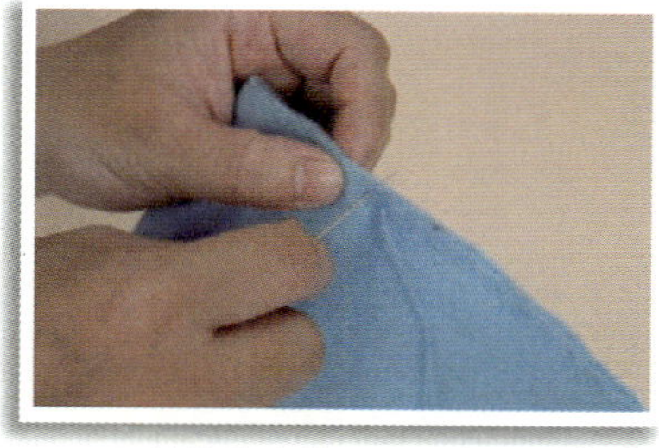

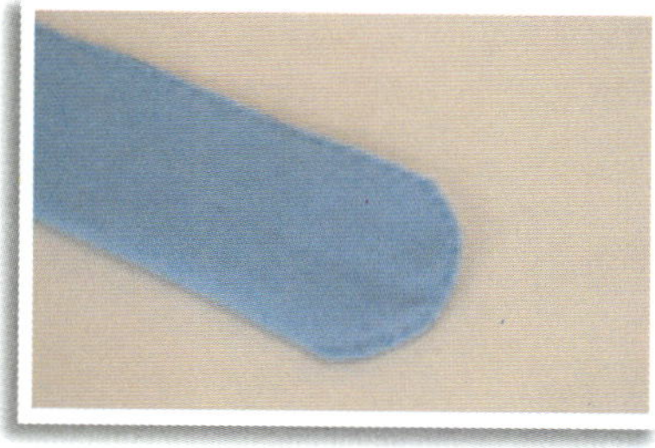

6 用针线将布的周围缝合至只剩一个约5 cm长的小缺口，如果不擅长使用针线，简单地上下平行缝合即可。

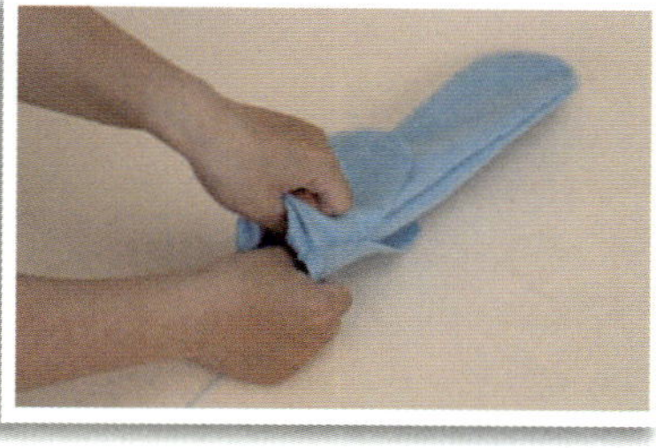

7 由小缺口处将布套的内层翻出，把原先缝线的痕迹藏在内里。为中大型狗打造的布套较长，翻面的难度相对比较高，可视实际情况预留大一点的缺口。

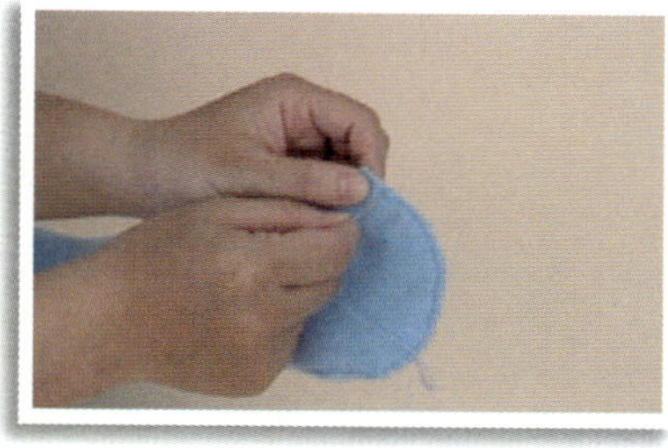

8 翻面完成后，再将缺口缝合。

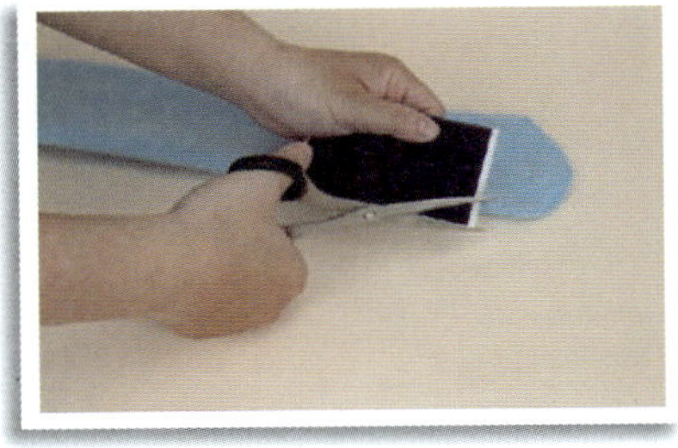

9 拿出魔鬼毡，依照布套的长宽剪出合适的大小。

10 接着用针线将魔鬼毡的钩面与毛面分别缝在布套不同面的两端。

Tips!

请特别留意，钩面和毛两面必须分别缝在布套的不同侧上，可试着比比看再缝。

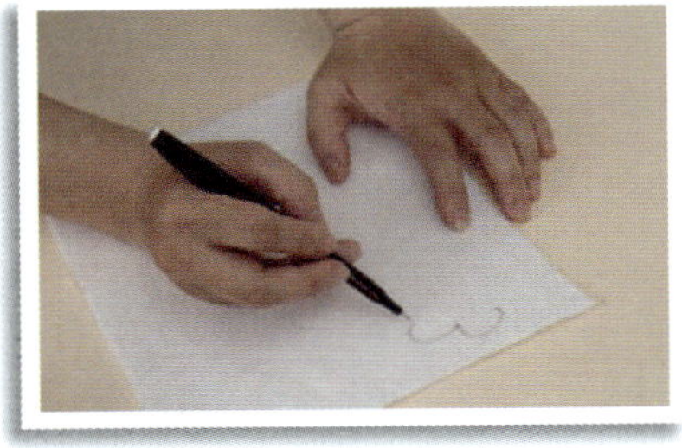

11 拿出另一块不同色的布，用笔在上面画出想要装饰的图案。

12 将图案剪下后，贴或缝在布套的其中一侧。

13 大功告成啰！赶紧帮狗狗试戴，别忘记对他赞美喔！

好男孩专用礼貌带使用法

1 准备一块符合布套宽度的卫生棉。

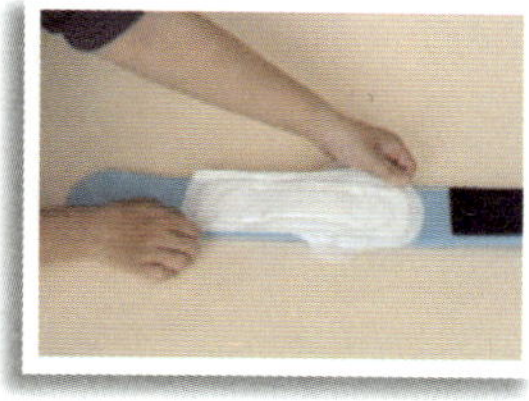

2 将卫生棉铺在布套的内侧，即可使用。

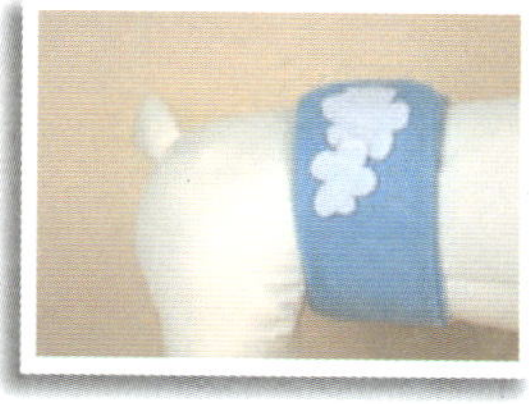

3 将礼貌带围在男生狗狗的生殖器部位，注意不要妨害到他的腿部活动。

Tips!
为求示范效果清晰，本篇选用较厚的不织布。狗爸妈们在家制作时，建议改以透气性高、方便清洗的布料，至于太滑的布料则有不易固定的缺点。尤其夏日天气炎热，薄而透气的材料可避免狗狗下腹部温度太高造成不适。

生活中的贴心助手

有些狗狗在刚开始佩戴的时候会不习惯，所以建议初期不要一次戴太久，几次之后再慢慢拉长时间。只要留意这些小细节，相信礼貌带一定可以成为爸妈的得力助手，狗狗也会更受别人欢迎哦！

两周一件，送给狗狗爱的亲手礼

撰文／宁一玮
摄影／王宏海
感谢协力／明日报“宠物用品集中营”
台长五妈老师

穿脱方便又帅气

贴身保暖披风

寒冷的季节里，进出屋内屋外，穿衣脱衣要格外小心，稍不谨慎就要着凉了。狗狗也需要做好保暖工作，但是穿穿脱脱真不方便，还会惹恼小家伙，把穿衣服当作讨厌的事。不如来帮狗宝贝设计一件帅气又暖和的披风吧！

Idea for my dog!

本篇示范老师五妈提醒大家，在挑选布料时，尽量以质地够挺且足以保暖的为佳。可用里外两层不同的布料，或直接选用已有棉花夹层的布，外层甚至还可挑选防水材质，让狗狗在冬天里感觉暖呼呼。

工具及材料

布料、针、线、剪刀、粉笔、尺、松紧带

难易指数

材料取得	★☆☆☆
制作难度	★★☆☆
实用度	★★★★

并非每只狗狗都愿意穿衣，有些宝贝前肢一套上衣服就定格不动，甚至不吃不喝、不尿不痾，这时，披风是狗宝贝寒冬里的救星。披风有三大优点：其一不受限于狗狗的体型，不管多大多小、多胖多瘦都可量身订做；其二穿戴容易，只需快速扣上两颗纽扣，方便极了；其三不会绑手绑脚，让狗狗对衣物的局促感降低许多。

随着材质的变换，披风在冬季里可当大衣，夏季里可当雨衣，真是实用又好穿的衣制品。

“贴身保暖披风”制作样版

自制衣物跟自制玩具不一样，衣物必须完全符合狗狗的体型。颈围、腰围、身长是整件披风的三大剪裁重点，三者的精确度决定了披风的衣型。在替狗狗量身时，请多测量几次，取得的数值会更正确。

五妈所提供的样版是以小雪纳瑞的身材打板而成，其他犬种可能会较高、较长，而且每只狗狗胖瘦有别。基本的穿戴方式不变，在颈部、腹部各有个固定的纽扣，大家可参考样版形状，再为你家狗狗重新规划这件披风。

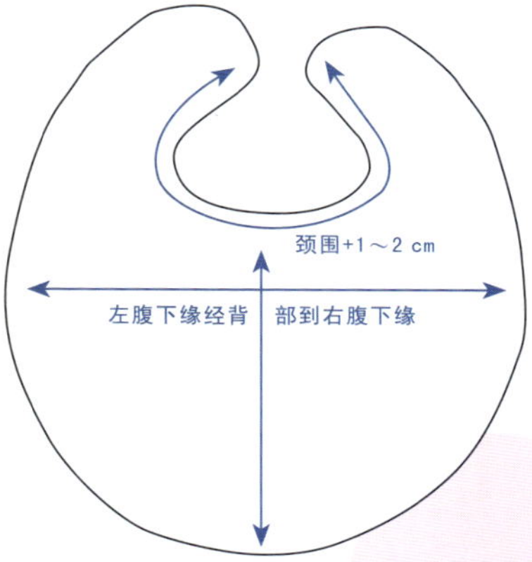

请自行变化调整比例

“贴身保暖披风”制作流程

狗狗披风最困难的地方不在于缝纫，而在于替狗狗量身是不是够准确，只要能够画出正确的版，接下来的工作便只是剪剪缝缝的动作而已。五妈提供给各位读者一个最简单的制作标准，请从这个标准发扬光大，经过你的巧思，改良过的披风加上一个小口袋，或是绣上狗狗的名字，都是挺好的设计。

利用样版裁出披风形状

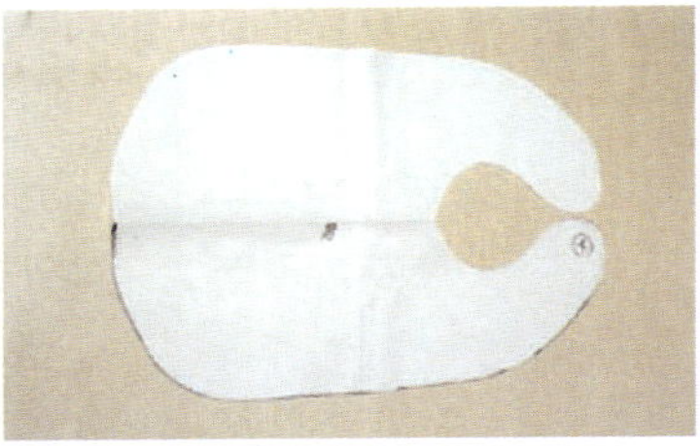

1 请精准地替狗狗测量身材，然后将样版图画出。

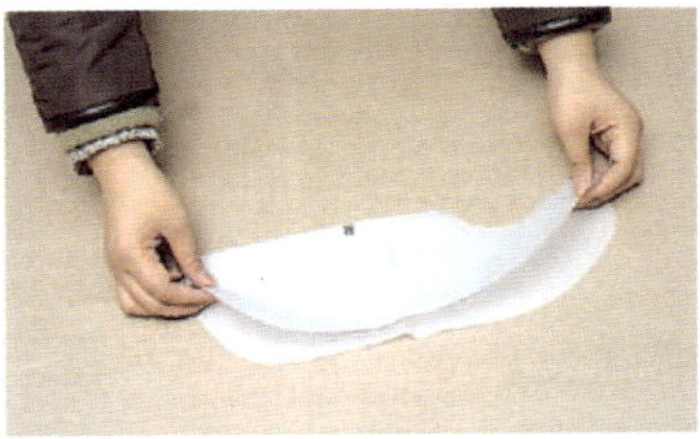

2 请将样版对折，准备利用它来裁布。

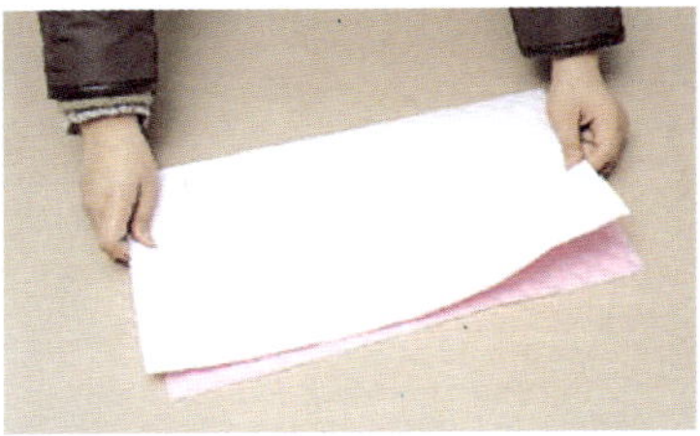

3 将布料正面朝内，对齐之后同样对折。

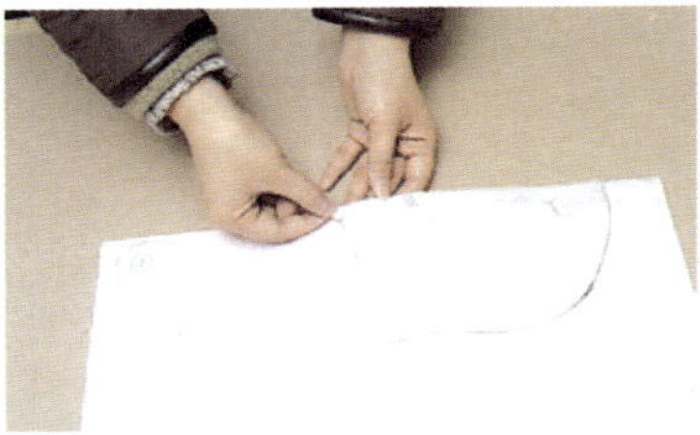

4 将分别对折过后的样版与布料对齐相叠，再用针固定位置。

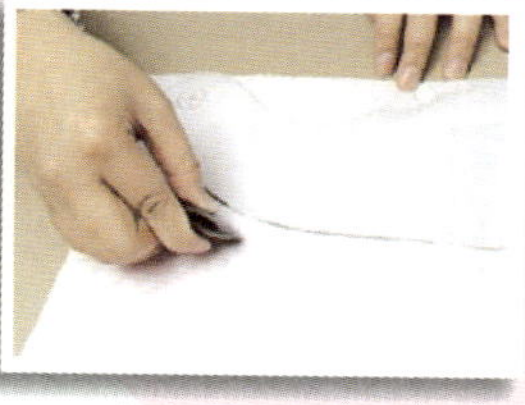

5 在布料上用粉笔画出样版的形状。

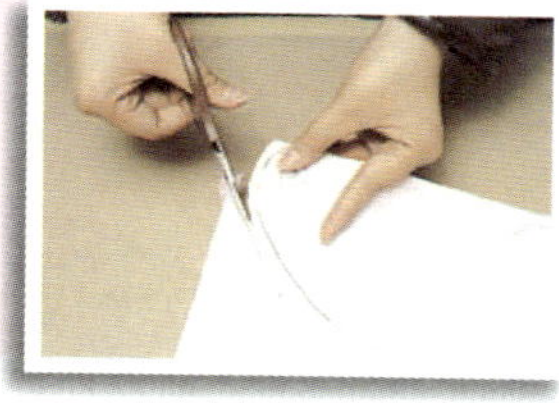

6 将画好样版大小的布料依粉笔线剪裁。

7 同样大小的布料请剪裁两份备用。

Tips!

可先在其中一片布料上替狗狗做一些装饰，例如加一个小口袋。

正反两面加工成一片披风主体

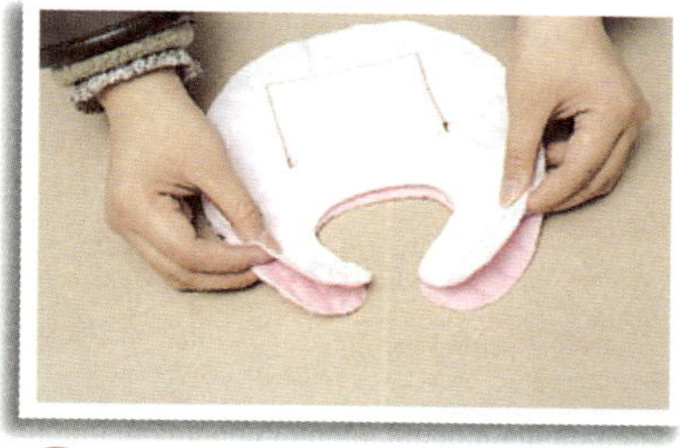

8 将两片同样大小的披风布正面相叠。

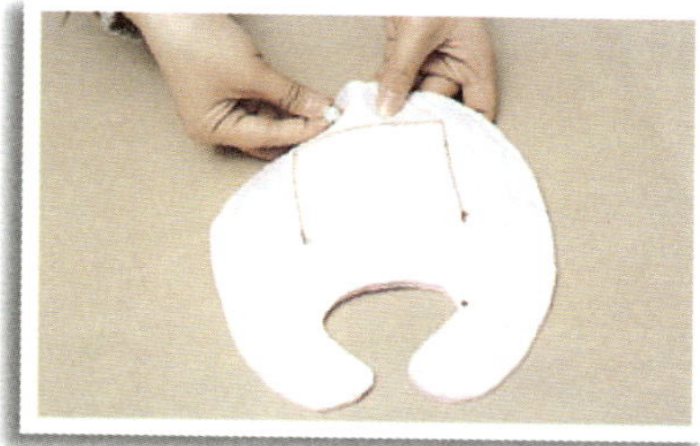

9 用针固定三个分散的点，目的让缝合时两片布不会滑动位置。

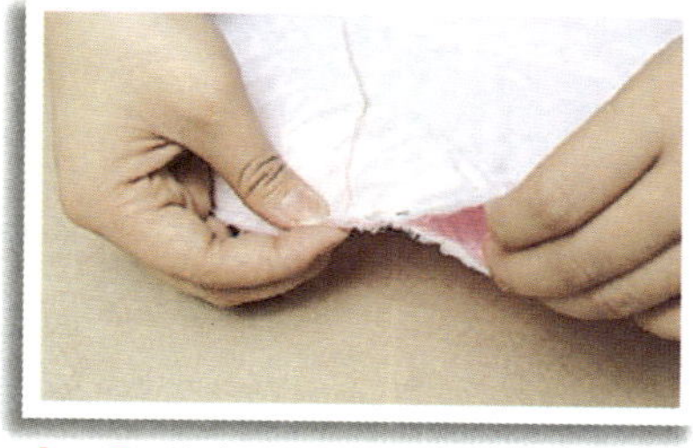

10 缝合两片布料，最后在腰部预留5 cm宽不要缝合。

Tips!

本步骤是为了翻面及后续加上腰带。

11 从尚未缝合处，将披风翻到正面朝外的状态，然后用尺测量披风主体的宽度。

替披风加上腰带

12 根据狗狗的大小，从布上剪裁出一条腰带。腰带宽度请略小于步骤10留下的空隙，长度则是以狗狗腰围减去步骤11量出的数值，加3 cm，然后再乘以2。

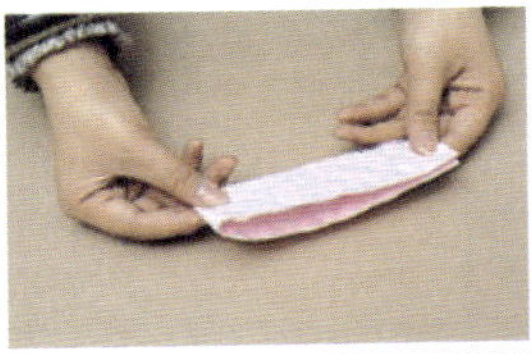

13 请将剪好的腰带布对折。

Tips!

腰带宽度略小于披风主体的空隙，这样塞入后，缝合才会平整美观。腰带长度是狗狗腰围减去披风主体的腰部宽度，再加3 cm（缝入披风主体）；因为会对折缝合，所以数据要再乘以2。

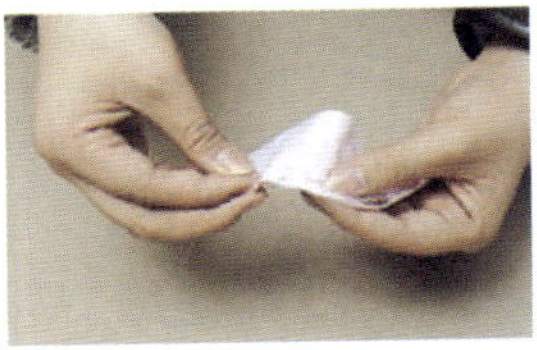

14 将腰带布的三边缝合，预留一个窄边作为翻面的空隙。

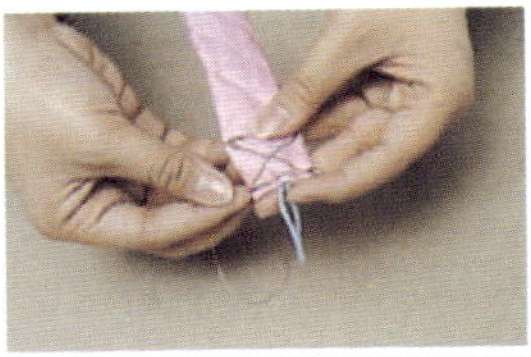

15 在腰带头缝上一条松紧带，目的是为了可以扣住披风的纽扣。

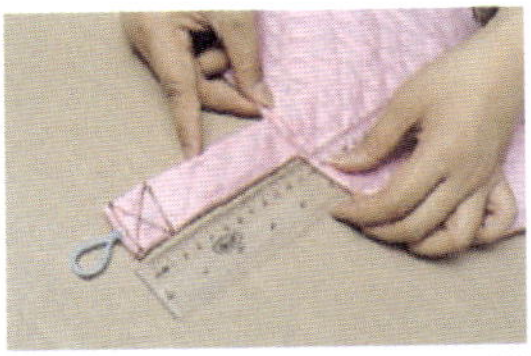

16 将腰带放入披风主体预留的空隙（放入约3 cm）。

Tips!

这时请披在狗狗身上比一下，披风和腰带约可绕狗狗的腹围一圈。当然，随着狗狗体型比例的不同，披风长短也会影响腰带长度，这一点必须临场调整。

17 将披风主体与腰带缝合在一起。

最后加上纽扣及松紧带

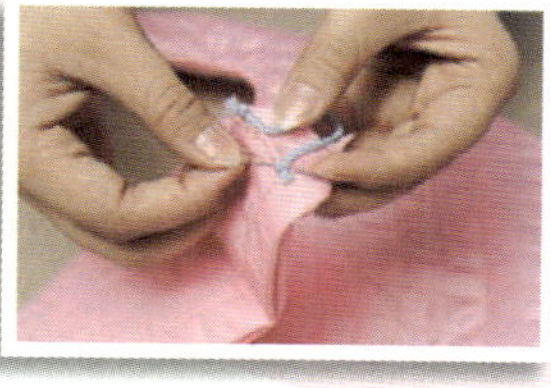

18 在领口接头处（与腰带同侧），请缝上松紧带。

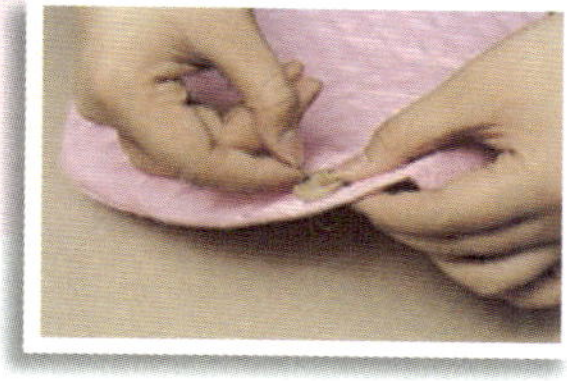

19 在领口接头处的另一侧，请缝上纽扣。

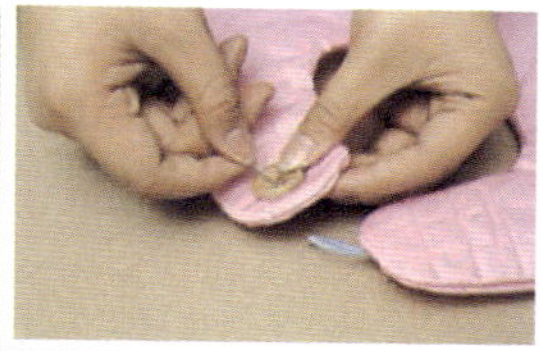

20 在披风主体的腰部（与腰带对称高度），也要缝上一颗纽扣。

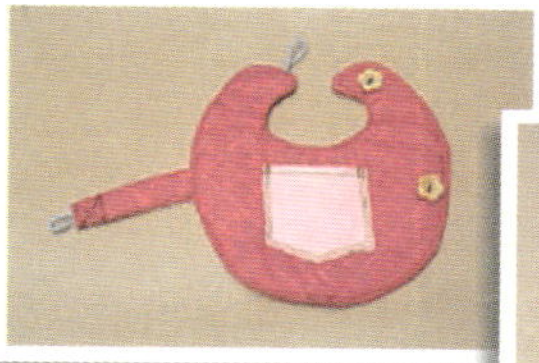

21 YA！顺利完成了！这是披风摊开和扣上后的样子。

任你创造个人风格

因为是自己亲手缝制的，或许不像精品店里卖的披风那般华丽，但绝对保暖实用。除了缝上小口袋，你还可以挑选喜欢的装饰物做设计，这件充满个人创意的披风，穿在心爱狗宝贝的身上，绝对温暖又好看！

两周一件，送给狗狗爱的亲手礼

撰文／陈丽平
摄影／陈彦豪

尺寸调整零烦恼

多功能爱的领巾

这年头，梳妆打扮不再是人类的专利，狗儿就算不需花枝招展，起码也要帅气迷人！利用简单的扣环及布料，就能帮宝贝DIY拉风领巾，下回出门，无论大狗小狗，都能尽情放电唷！

Idea for my dog!

领巾小具保暖功能，大有时尚装扮之效，是每只狗狗都需要的实用品。如果在领巾上加了口袋、拉链或做其他规划，那么除了上述用途之外，又开发出新的实用性。挑选布料时，以摩擦到狗狗皮毛不会让他不舒服为原则。

February

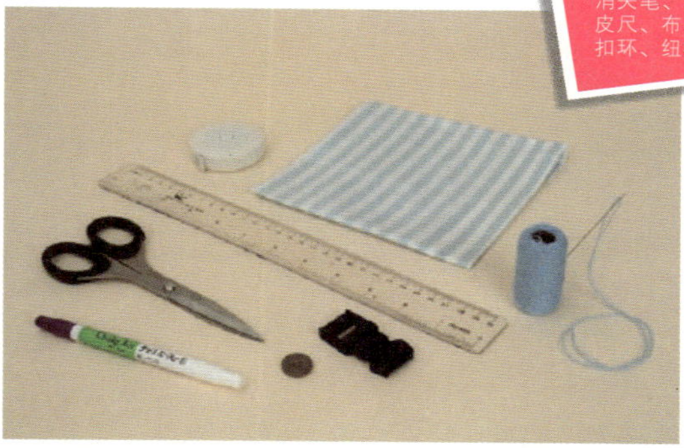

工具及材料

消失笔、剪刀、尺、皮尺、布、针、线、扣环、纽扣

难易指数

材料取得	★★☆☆
制作难度	★★☆☆
实用度	★★★★

帮宝贝爱犬置装，已成为现代狗爸妈添购宠狗用品时，不可或缺的一环；外出之前，花心思帮宝贝打扮，甚至吸引旁人的注视与称赞，做爸妈的更是与有荣焉。正因如此，越来越多人用尽心思，在材质、颜色、设计、尺寸上斟酌。

体型较大或特别小的狗狗，要找到舒适衣物的难度相对更大。领巾本身具有良好的装饰功能，同时也是狗狗练习穿衣的前哨站，若能接受领巾，未来即可慢慢接受穿衣。更况且简简单单一条领巾，即可展现爸妈对狗狗备加关怀与宠爱的心情。现在，只要利用扣环及布料，轻松帮狗狗打造时尚又实用的多功能领巾，从此以后，不必再烦恼找不到适合宝贝的装扮啰！

“多功能爱的领巾”制作流程

我们将领巾依构造，区分为领巾主体、颈圈、贴心小口袋三个部分来完成。

领巾主体

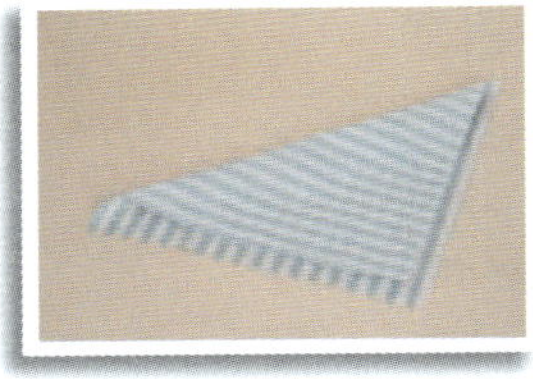

1 将准备好的正方形布料（示范为35 cm×35 cm）反面对折。

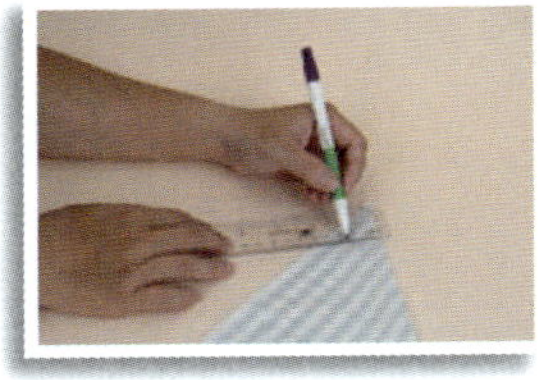

2 使用消失笔及尺，在布上划出预留穿入颈圈的宽度。

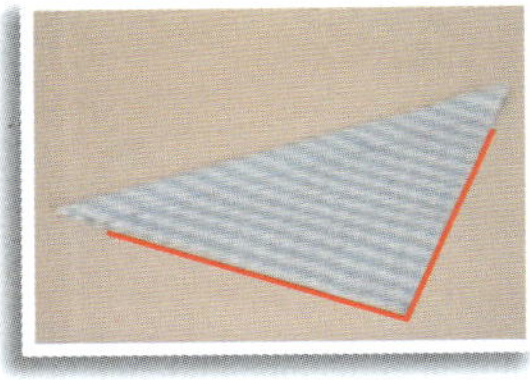

3 划好后如图示。接着将划线处以下的范围用针线缝合，缝合位置如红线所示。

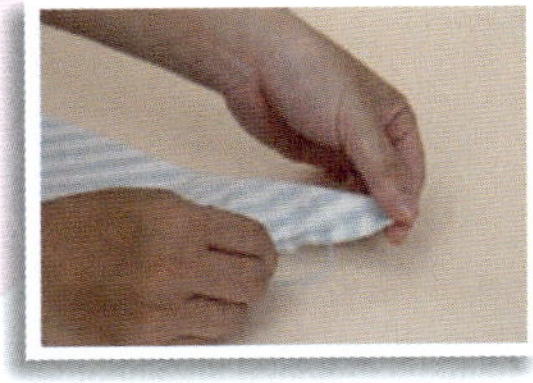

4 缝至一半时，请将布翻至正面再继续缝合。

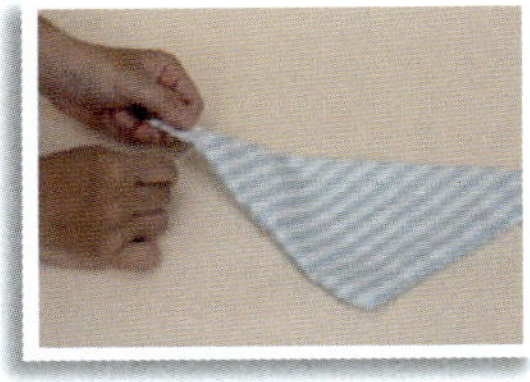

5 沿着步骤2所划的直线，以针线缝合。

6 完成后，领巾主体如图所示。

颈圈

7 使用皮尺量出狗狗的颈围。

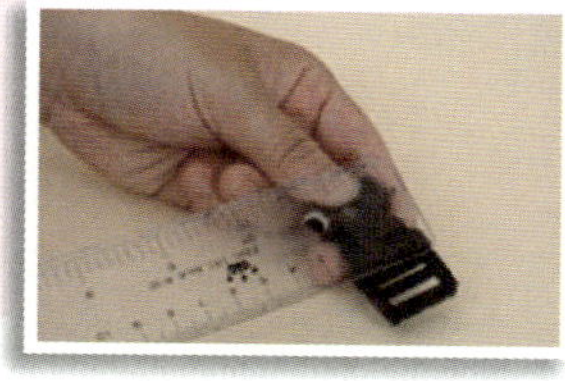

8 量出扣环的宽度。

9 剪一块比狗狗颈围多出15 cm长，且宽度是扣环2.5倍的布。

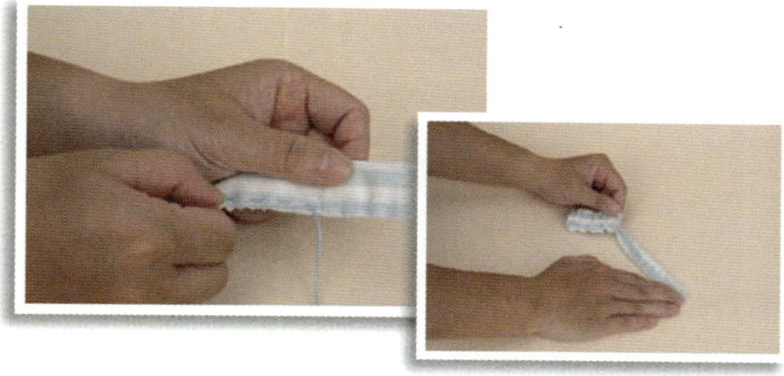

10 将布反面对折缝合，快完成前再翻回正面继续缝，以便隐藏缝线。

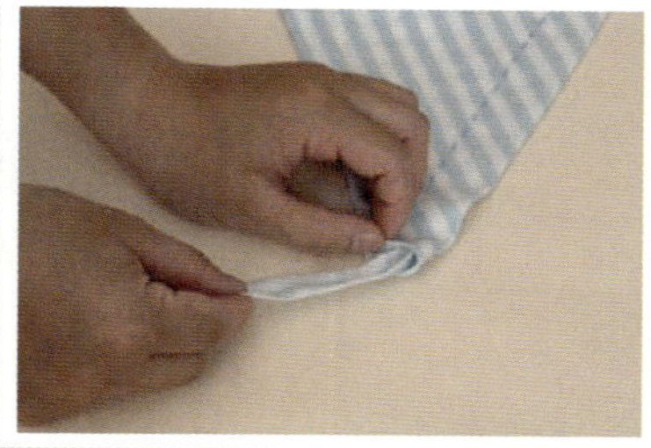

11 将缝好的布条塞入领巾预留的颈圈空间。

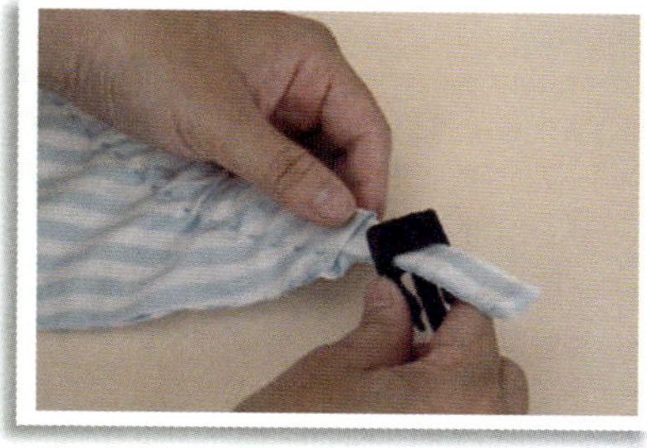

12 装上扣环，即可完成。若担心扣环易脱落，可另以针线缝紧。

贴心小口袋

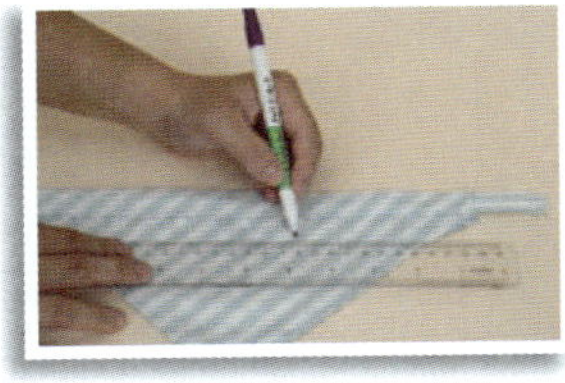

13 用消失笔在领巾上划出一条线，长度为口袋的开口长度（示范为7 cm）。

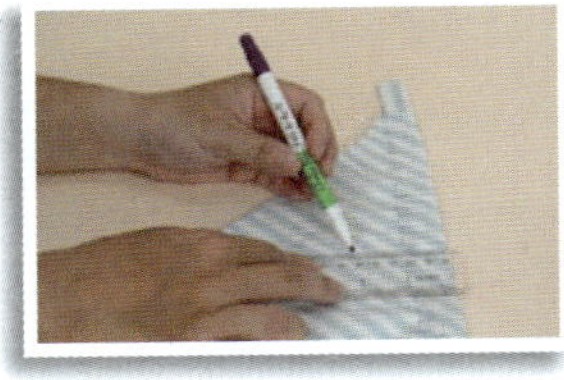

14 以消失笔在口袋开口的中间垂直下方，另外再划一条线，此线要低于开口位置1 cm，不可太靠近开口，长度则为预备纽扣的直径。

15 用剪刀将划线的部分剪开。

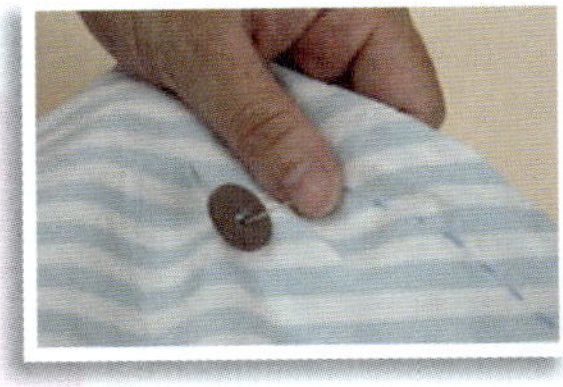

16 将预备好的纽扣缝于垂直的开口处。

Tips!
开口如果不慎过大，可用针线将它缝小。

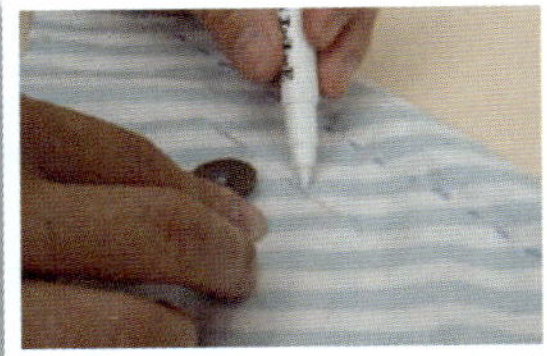

17 用消失笔的去渍部分，将划线消除。

18 完成啰！

创造领巾的附加价值

看完领巾的制作后，请大家一起亲自动手帮宝贝设计一条合适的领巾。在此提醒大家几个制作小步骤——假如不想在领巾上设置小口袋，可省略领巾主体的步骤3、步骤4，直接缝上划线部位即可。另外，若是狗狗本身有合适的项圈可使用，亦可直接套入预放颈圈的位置，制作起来会更加容易。至于小口袋的使用，建议可放置除臭、芳香的物品，让狗狗戴起来更加好心情；不过开口不宜太大，免得放置的物品掉落出来，万一被狗狗误食就不妙了。

消失笔

消失笔是一种采用水溶性墨水的笔，通常使用于裁缝。消失笔本身会有可划出线及可消渍的两种笔头，划线后可立即使用笔头消渍，此外，以清洗的方式或放置一段时间后，笔痕也会消失。目前在美术社、文具行均可购买到，价格从数十元[①]至上百元不等，还有专为深色布料设计的白色消失笔唷！

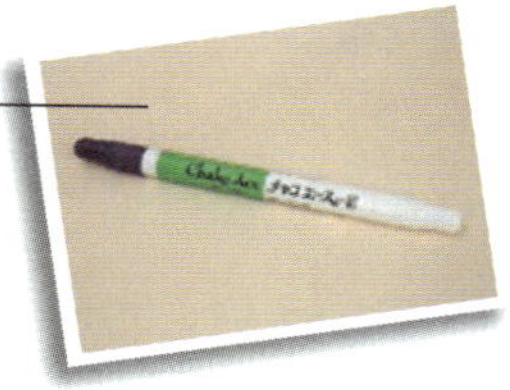

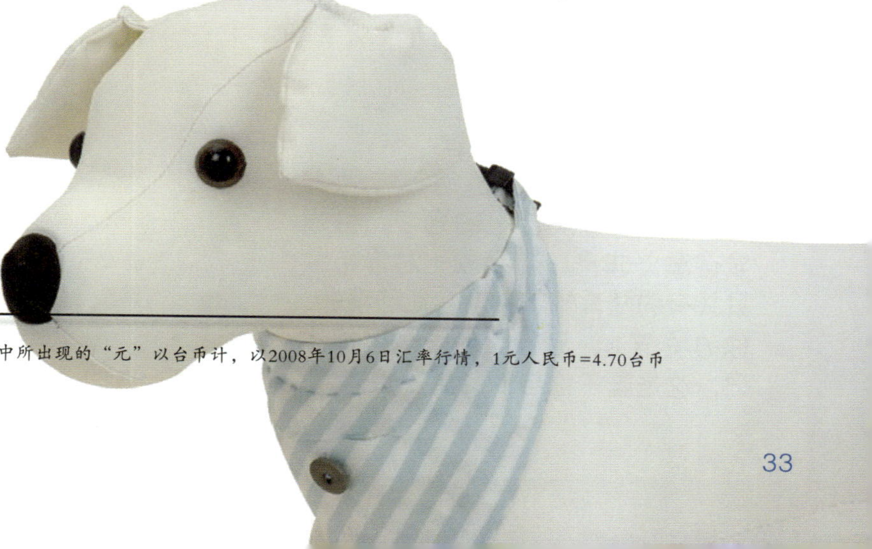

① 本书中所出现的“元”以台币计，以2008年10月6日汇率行情，1元人民币=4.70台币

两周一件，送给狗狗爱的亲手礼

撰文／宁一玮
摄影／王宏海
感谢协力／台隆手创馆&银彩工作室李慧文老师

超质感 人狗真爱项链坠饰
纯银项圈挂牌

Idea for my dog!

在亲手打造的超值感纯银挂牌上面，秀出自家狗宝贝的名字，格外显得意义非凡！动手做一对你与宝贝共有的随身饰物，系在他的项圈、你的项链上，让彼此的爱永远被注记，这是属于你与他的真爱密码。

你爱狗，会不会也想和他戴同样的项链？本篇将把狗狗纯银坠饰的制作方法公开，大家按图索骥就可以简单做出属于“你们”的纯银坠饰。

March

工具及材料

制作材料会因要做的制品细节不同而有所差异，但绝对会用到的基本材料包括：纯银黏土、砂纸、短毛钢刷、玛瑙棒、橡胶台、不锈钢网、中目锉刀、木蕊棒、塑料管、拭银布、手指宽度板、搭配坠饰的项链、中文DIY教学书籍

难易指数

材料取得 ★★★☆

制作难度 ★★★☆

实 用 度 ★★★☆

疯狂喜爱狗狗的人总会绞尽脑汁，想将自己与狗狗的关系，提升到有如情人、手足般的亲密关系。挖空心思替狗狗打扮、为狗狗下厨，甚至达到两“人”同穿一条裤、共享一床棉被的境界也不稀奇。

很多狗爸妈想知道哪里有卖人狗都可以戴的项链（圈）。可惜人用的项链不适合狗狗使用，而狗狗的挂牌"狗气氛"又过于浓厚，很难在两者之间取得平衡，所以自己动手DIY会是最省钱又可随性创作的好方法。本篇要让遍寻不着“人狗对坠”的狗爸妈们，以最小的代价，创造出属于你和宝贝的真爱项链对坠，欢迎大家一起创作喔！

“狗脚掌银坠饰”制作流程

“狗脚掌”等同于狗狗的可爱模样，可说是最被广泛运用的意象，所以李慧文老师特地以狗狗脚掌作为示范教学。

塑型、创造独特图案

第一阶段必须将纯银黏土的形状及图案塑造成形，你可以就自己的喜好来设计纯银坠饰的厚度、图案及造型。

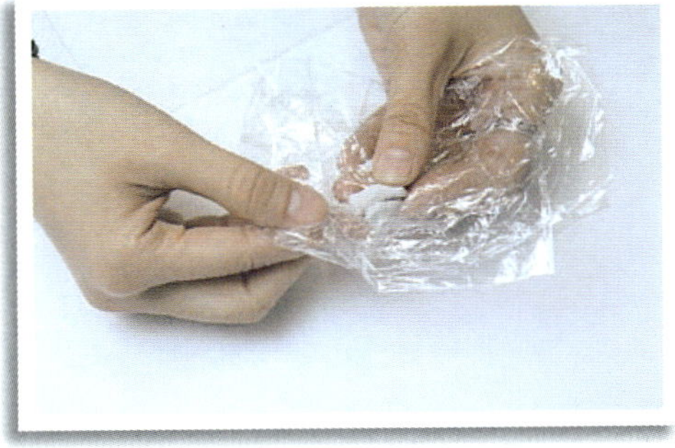

1 将包装打开之后取出纯银黏土，并且用保鲜膜包住纯银黏土，进行糅合动作。

Tips!

若是取用之前剩下的纯银黏土，记得先沾一点水再进行糅合，这样子黏土才不会太硬太干，难以塑型。

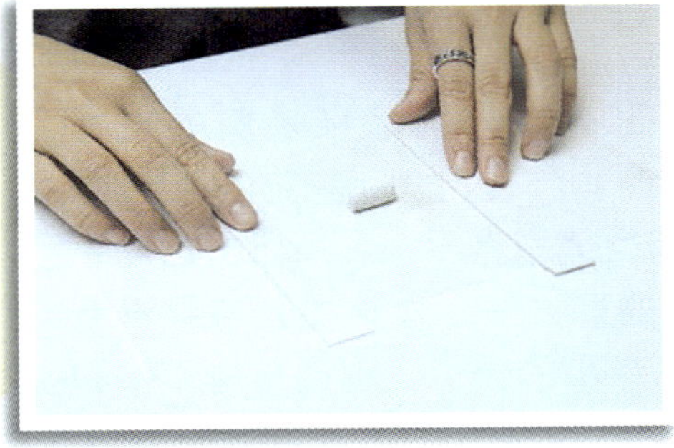

2 将纯银黏土糅合之后，弄成可压平的形状，然后放在烤蛋糕纸上面。并在纯银黏土两侧放上厚纸板条，准备将黏土压平至厚纸板同样的厚度。

Tips!

厚纸板条不要放得与黏土太近，以免黏土压平之后面积一扩大，会跑到厚纸板上面。

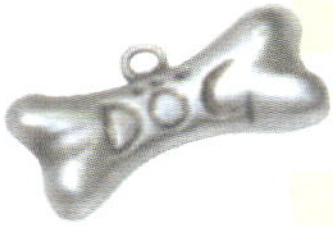

March

3 将另外一张烤蛋糕纸放到纯银黏土上方。

4 接着用塑料管将纯银黏土压平。

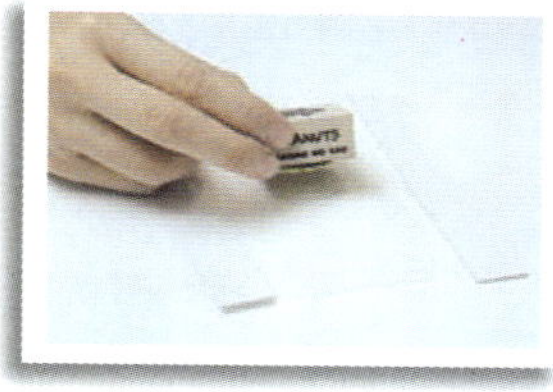

5 当纯银黏土压平之后，便可以在其上压出造型花样。以示范教学为例，用狗脚掌造型图章压制图案。

Tips!

使用造型图章压制图案的时候，力道要平均，才不会让图案有深浅的差距。

6 再用刀片切割纯银黏土，让坠饰的形状呈现。

7 为了让坠饰本身有办法穿入项链或项圈，请用质地比较坚硬的吸管插入纯银黏土的上方（与边缘距离0.2 cm左右）。

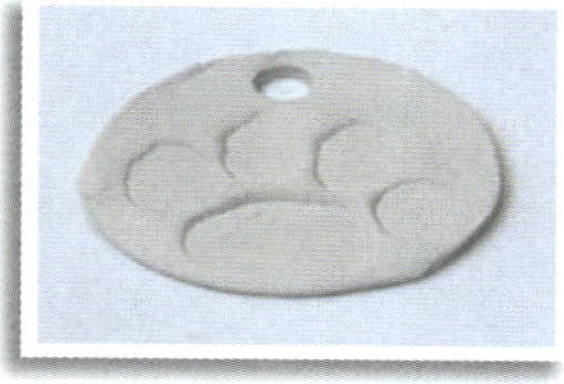

8 一个可爱坠饰的基本外形完成了。

烘干、烧成

纯银黏土本身含有水分，在第二阶段当中，必须将水分完全烘干，之后再用火烤。当水分与纯银黏土结合剂一起蒸发，才会成为纯度9.99的银饰。

Tips!

可将一般小型纸箱改造成家用烘干箱，就不必一直拿着吹风机。这样子不仅能让烘干效果更好，也可省下烘干时间。

9 请将纯银黏土以家用吹风机烘干，一般来说，需烘上5～10分钟，烘干至纯银黏土颜色变成白色即可。若不将水分烘干，在火烤过程中，纯银黏土会有龟裂的可能，所以烘干步骤要做确实，不可为了省时间而马虎。

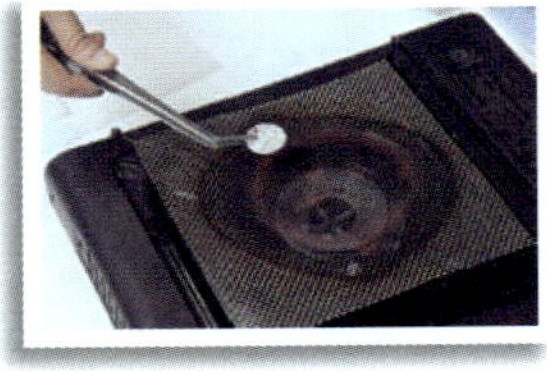

10 将纯银黏土的水分大致烘干后，便可拿到家用瓦斯炉上用火烤。请先准备一张不锈钢网，放到瓦斯炉上，将火点着开至最大。

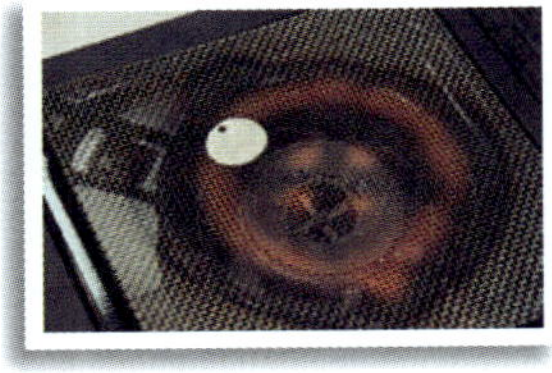

11 约1分钟后，将纯银黏土放到不锈钢网上面被碳火烧红的区域，可达到最佳火烤效果。火烤时间需要10分钟。

Tips!

火烤时间必须精确，所以最好准备一个定时器，调至10分钟开始倒数。

敲瓶、磨砂、抛光

火烤完毕后，就是完全的纯银坠饰啰！不过因为在火烤过程中，黏土里少量水分及结合剂会跑到银饰的表面，所以在第三阶段必须将这些表面杂质去除，并将银饰表面用砂纸、锉刀和玛瑙棒磨平、打光。

12 火烤会让银饰稍微弯曲，所以可用槌子先将整个坠饰敲平。

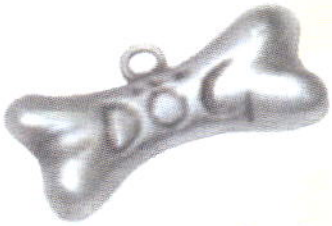

13 用短毛钢刷将银饰表面的杂质刷干净。可看到银饰的原色亮晶晶地显露出来。

14 再用砂纸磨光银饰表面，让色泽更为平均。

15 将银饰表面磨平后，最后用玛瑙棒将银饰的亮度加强，此步骤需细心执行，最后银饰的色泽会让你惊喜不已。

强化银饰图案

经过以上三阶段，狗狗专属银饰的制作工作已告一段落。若觉得银饰图案不够明显，可用温泉液让图案部分产生化学变化熏黑，借此强化图案的辨识度。

温泉液

研磨剂

16 将温泉液一两滴与热水混和倒入容器之内，再将银饰丢进容器当中，银饰转变成为黑色之后，以镊子将它小心夹起。

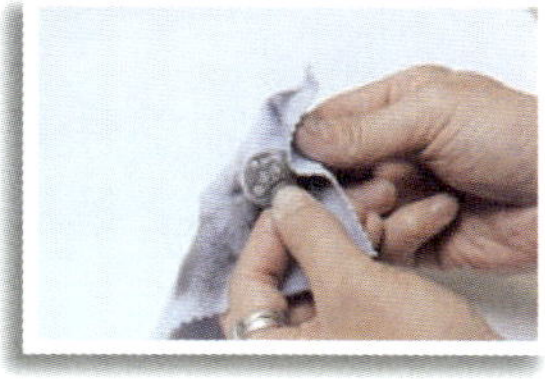

17 用拭银布沾研磨剂将银饰擦亮，擦拭完成之后，银饰图案部分虽还会保留些许黑边，却会变得相当明显。

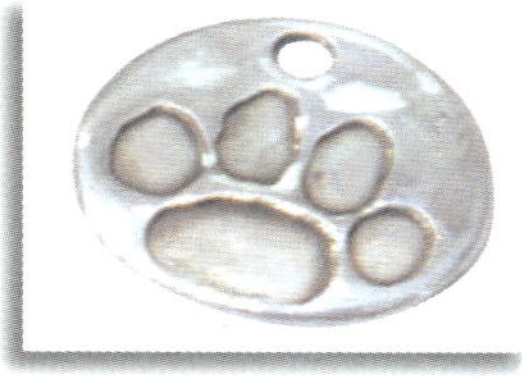

18 狗脚掌银坠饰，大功告成啰！

“狗骨头银坠饰”制作流程

想想看，用你的创意制作一根小巧可爱的纯银狗骨头，晃呀晃地挂在你家宝贝脖子上，那是多么特别的造型呀！更别说你和他各挂上一根，那种“我们都是一家人”的气氛，有多么感人呢！

捏制狗骨头造型

制作狗骨头银饰和一般平面坠饰的塑型有很大的不同，必须在塑型的时期就造出骨头的立体感，所以不能用塑料管擀平，而必须用揉捏的方式，再加上工具辅助才好看。

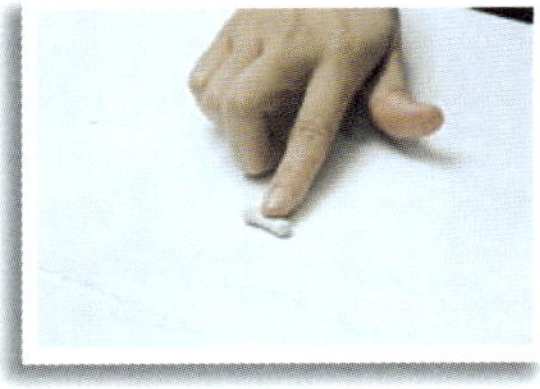

1 用手指将纯银黏土搓揉出两端粗、中间比较细的短柱状。

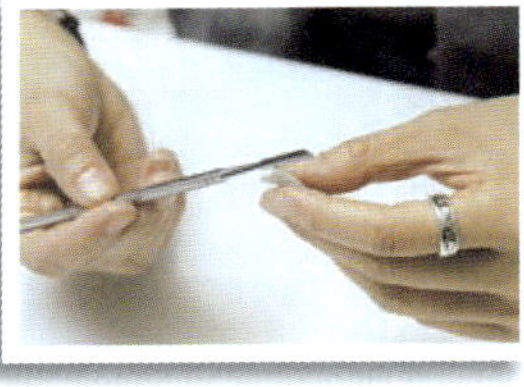

2 再用适当工具将短柱状两端中间压出类似狗骨头的凹槽。

插入项链孔

立体狗骨头无法像平面坠饰一样在对象中间穿孔，因为穿项链孔会让骨头造型产生缺陷。解决方式是以外加的项链孔插入纯银黏土当中。

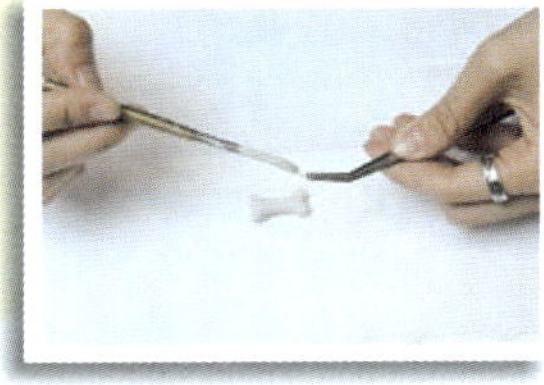

3 将外加项链孔涂上含水量较多的纯银黏土泥。

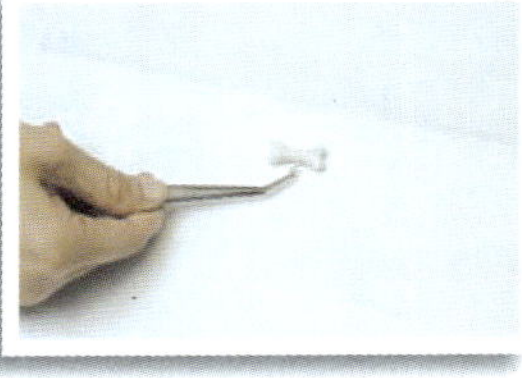

4 将外加项链孔插入狗骨头的中间位置。

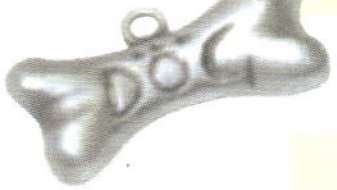

刻上纪念文字

在上一个示范教学中，我们是以造型图章压出图案。你也可以用刻字的方法加上特殊纪念文字。为了让最后成品显现的文字够清晰，建议在烘干水分的步骤后再刻字。

5 当狗骨头烘干之后，纯银黏土稍硬一些，便可以用刀面在其上刻出纪念文字。例如刻上“DOG”字样。

打亮磨光

“狗骨头”银坠饰的火烤程序和“狗脚掌”一样，一律是10分钟的火烤时间，完成后才可拿起。接着便打亮磨光，打亮磨光的程序可以依据个人喜好，决定银饰为雾面或亮面。

6 如果此银坠饰比较适合雾面处理，那么打亮磨光的步骤仅需使用短毛钢刷，将火烤后的表面残留物质去除即可。

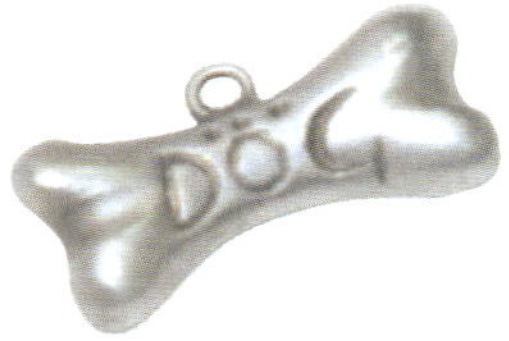

7 狗骨头可爱银饰，是不是很迷人呢？

请珍惜纯银黏土

根据本篇的制作方法，可变化出不同造型的项链或项圈坠饰，或在狗狗的坠饰后加刻电话号码。每次拆开纯银黏土时，记得将残余在包装纸上的黏土渣尽量刮下来使用，积少成多，就可省下一笔购买纯银黏土的花费呢！

撰文／陈丽平
摄影／陈彦豪

请你送我回家……

防走失名牌

帮宝贝爱犬打造独一无二的狗名牌，并不是意在宣示主权，也不是单纯地装饰点缀；而是希望，万一不幸真有那么一天，当狗狗忘记回家的路，能留下线索给好心人，让他帮忙送狗狗回家……。

Idea for my dog!

利用简单的材料与巧思制作狗狗名牌，有三个关键务必留意——其一，名牌不要过大，以免妨害狗狗行动；其二，名牌上请注明清楚而正确的信息；其三，一旦数据有变请立即重做。这样才不至于辜负当初辛苦设计名牌的美意。

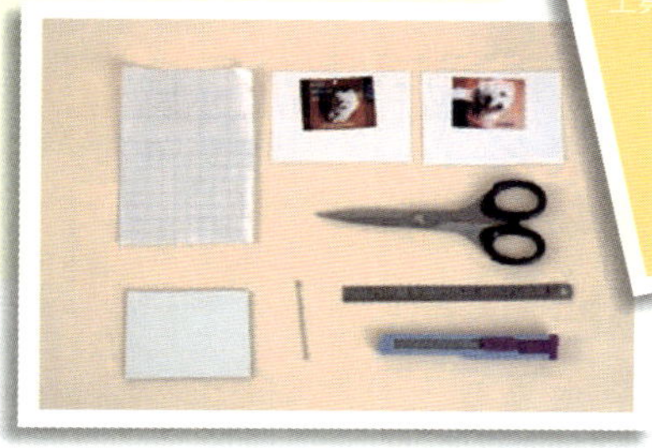

工具及材料

博士膜（卡典西德）、两张狗狗的照片（大小相同、含基本数据）、剪刀、小刀 、珠链或钥匙圈、胶板

难易指数

材料取得	★★☆☆
制作难度	★☆☆☆
实 用 度	★★★★

相信不少爸妈都有这样的经验，只要带狗狗出门散步，宝贝们就像是脱缰野马，一溜烟就不见踪影，非得爸妈扯破喉咙、拚命地叫喊，或者不停地追着狗狗跑，才能找回他们。这样你追我跑的运动或许能增进亲子关系，但若一个闪失狗狗不见了，可能会造成爸妈一辈子的遗憾。

为了预防走失，一个专属的名牌可说是送给狗狗的基本护身符。动辄两三百元的名牌制作费，或许价钱不算太高，亲手为宝贝制作的心意却是非凡。本篇，就让我们一起来学习DIY防走失的狗狗名牌吧！

“防走失名牌”制作流程

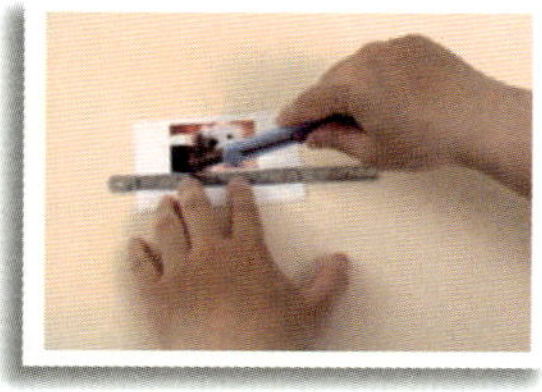

1 首先将预备好的狗狗照片依尺寸切割好，示范照片为4cm×4cm。

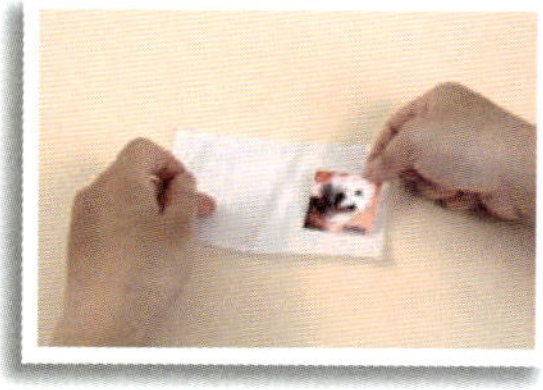

2 使用博士膜替照片护贝，以免照片被水淋湿而变形、模糊。

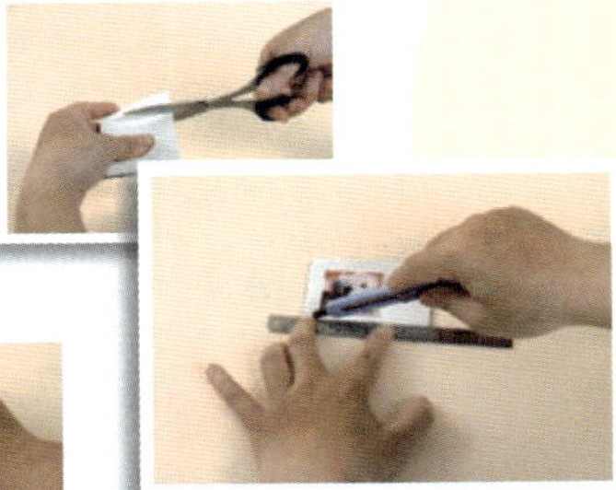

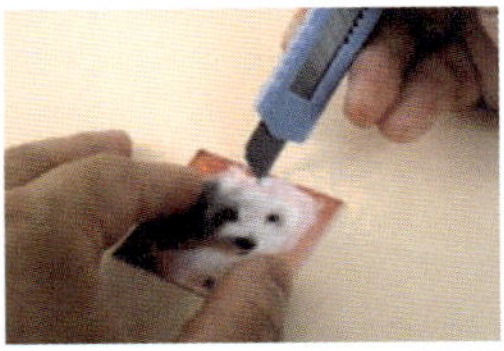

3 在照片顶端用小刀割出一小洞。制作照片时可预先设计洞口，但位置不宜距离照片的边缘太近，以免断裂。使用锐利的小刀切割会较顺利，但请注意安全。

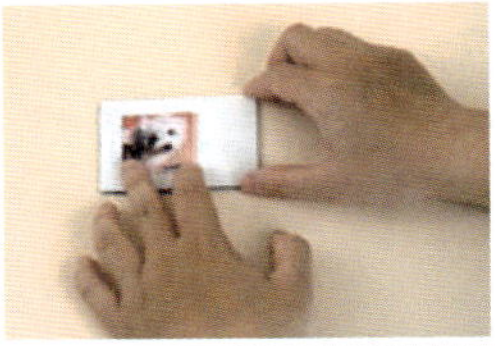

4 将完成的照片放置在胶版上测量大小。为了制作方便，可将多余胶版裁掉。

5 用小刀及尺在胶版上割出略大于名牌面积的切割范围，再用剪刀剪除多余胶版。

Tips!

胶版的厚度不太容易用刀片割断，所以先用小刀切割一部分厚度，再用剪刀剪断较为方便。

6 名牌照片放置在胶版中央，将预计割开的洞口位置，用刀片或笔标示在胶版上。

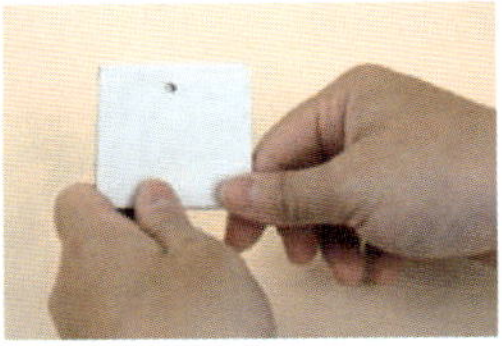

7 依照步骤6标示的位置，使用小刀割出一个洞口，大小与名牌照片一样。

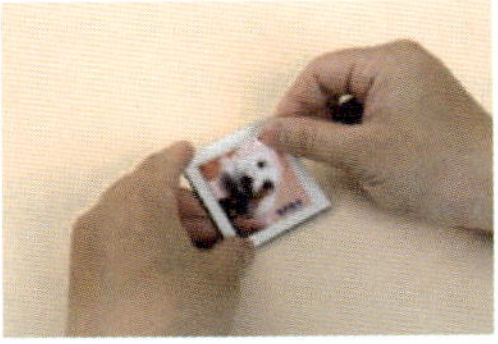

8 使用双面胶将照片贴至胶版上，记得挖洞的地方要对齐。完成后请重复步骤1～3，制作名牌的另一面。

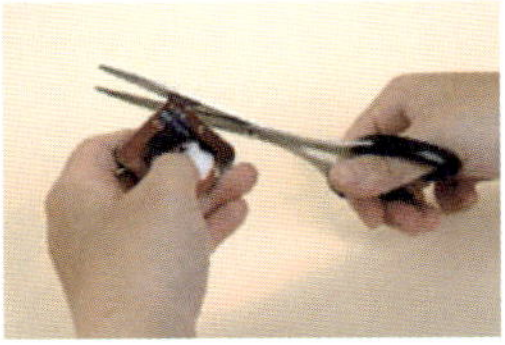

9 两面都贴上照片后，再修剪成喜欢的形状并修边，直至满意为止。除了使用剪刀，刀片亦有助于修饰切口边缘，达到平整美观，在最后定型时可善加利用。

10 将预备好的珠链或钥匙圈穿过小洞即完成。

胶版

胶版是制作版画常用的素材之一，由于软硬适中，价格低廉，还有防水功用，因此相当受到欢迎，在美术社即可购买到。胶版有多种尺寸，一张售价10元的胶版，约可制作四五块名牌，相当物美价廉。

狗狗名牌照片

制作狗狗的名牌照片，记得要加上正确的联络信息，如电话、地址；另外可预先在照片上设计一个小洞，以方便切割。打印照片时可选用相片纸，质感较佳。

独一无二的实用名牌

利用软硬适中、且有防水功能的胶版为底，加上照片及博士膜的搭配，就能拥有独一无二的爱犬名牌，还可视狗爸妈的需求增加或减少呈现的信息。此外，除了当作预防走失的狗名牌使用外，也可以拿来作为钥匙圈或手机挂饰，实用又能展现个人风格哦！

两周一件，送给狗狗爱的亲手礼

撰文／宁一玮
摄影／王宏海
感谢协力／明日报“宠物用品集中营”台长五妈老师

爱犬御用玩具

宝贝专属小·皮球

狗狗跟孩子一样，都需要游戏和玩具来抚慰他们的心灵。每只狗都有他的心爱玩具，但是，由爸爸妈妈亲手做出来的就是不一样。一颗绣上狗狗名字的专属御用玩具球，将让你和他留下许多快乐的共同回忆……。

Idea for my dog!

因为玩具球会经过狗狗牙齿的考验，如果选择的布料很容易一咬就破洞，那做得再美观也是枉然。示范老师五妈建议读者，在选购布料时除了考虑颜色之外，必须挑选耐咬、可水洗的材质，只有不怕脏、不怕咬的布料，才能够与狗狗长长久久在一起。

工具及材料

布料、针、缝衣线、绣线、剪刀、粉笔、尺、棉花

难易指数

材料取得	★☆☆☆
制作难度	★★☆☆
实 用 度	★★★★

April

你是不是曾经很向往一个专属于你、代表着身份地位的物品？像是一本将你的名字用烫金字样放在封面里页的日记本、一瓶有纪念价值且限量贩卖的红酒，或是一支刻印上约旦王室图徽的钢笔。那些东西本身的价值可高可低，但借由着回忆，便可以超越任何条件的珍品。

对于爱狗的人来讲，狗狗便是珍品，狗狗会说话，狗狗也有情绪。这样一只特别的狗，当然值得拥有一个特别的玩具——由你亲手缝制，并在球面上加注他的“大名”，这个御用玩具很有意义吧！

“宝贝专属小皮球”制作样版

示范老师五妈为了方便读者制作玩具球，已经将玩具球的基本样版画好，大家只要照此样版，再画到玩具球的材料布上面即可。此样版为标准尺寸，你可针对狗宝贝的嘴巴大小来做调整，以可以咬住，但不会轻易吞下为准。

Tips!
想要把球做得比较椭圆的时候，你可以将叶片样版的形状修正得更加瘦长；反之，则可将叶片样版修正为肥短状。

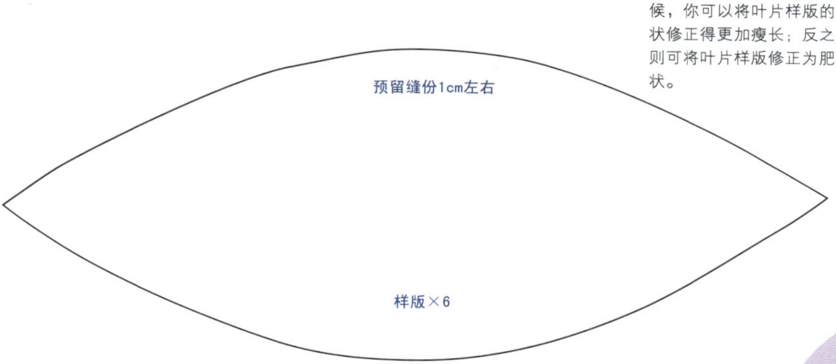

“宝贝专属小皮球”制作流程

玩具球的制作过程相当简单，总制作时间不会超过1小时，唯一比较麻烦的地方在于家中如果没有缝纫机，在缝合六片叶片的时候会有点无趣。如果你懒得用手缝制玩具球，可以考虑最阳春型的缝纫机。

利用标准样版裁出叶片布

1 先将标准样版纸型影印，可使用原尺寸或是放大、缩小。

2 将样版纸型固定在布料上，用粉笔画出叶形六片。

3 将同样大小的叶形全部剪裁下来。

绣上字样，连接叶片成球体

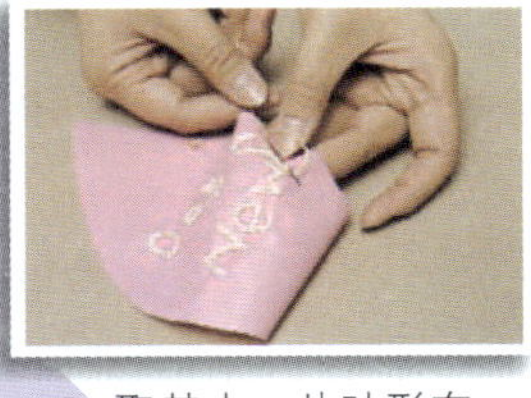

4 取其中一片叶形布，用绣线在布上绣出狗狗的名字。

Tips!
用来编织幸运手环的专用绣线材质较硬挺，绣出的字会更立体有型。

5 将叶片布正面相对。

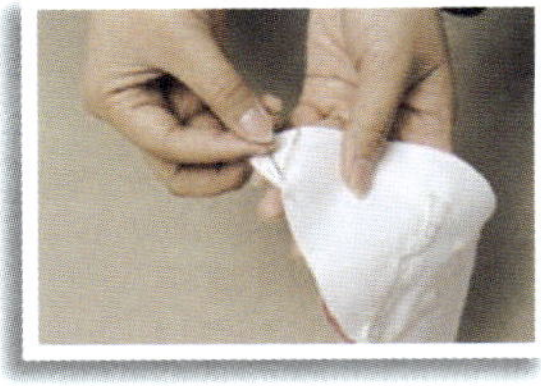

6 开始缝合叶缘。

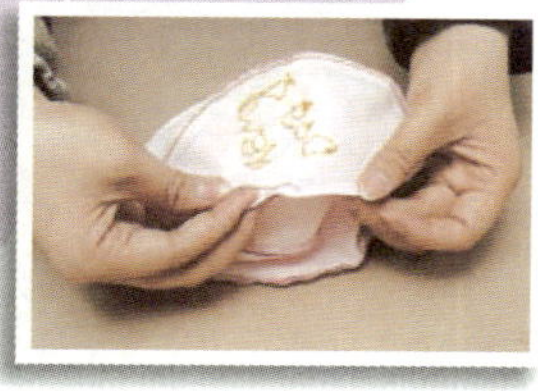

7 将六片叶形布一片片缝制连接起来。

Tips!

记住第一片与最后一片连接的时候，请各自从尾端和顶端开始缝合。

8 中间预留约5 cm的洞口。

球体翻到正面，开始塞棉花

9 从刚刚未缝合的5 cm洞口，将球体翻到正面。

10 开始塞棉花，请一点一点塞，以免棉花位置不平均造成球体状况异常。

Tips!

1. 请尽量选购化学棉，水洗之后才不会缩成一团。
2. 最后用针将5 cm洞口缝合，尽量用和球体同色的线来缝合，便不会留下太明显的接缝。

用创意变化缤纷彩球

你看，一颗爱犬专属的玩具球出炉了！充满创意的你可以试着做变化，例如在球面加上图案、改变球形，或是将各叶片换成不同的颜色，那么玩具球会更加缤纷多彩呢！现在，你已经是玩具球制作高手了，找个时间，陪宝贝出去玩球吧！

撰文／陈鹿平
摄影／陈彦豪

狗狗也要过儿童节哦！

毛巾布偶玩具

帮狗狗做个独一无二的专属玩具，是最贴心的宠狗礼物。兼具实用、经济和美观的毛巾玩具，看似复杂，制作过程其实相当简单，喜欢DIY的狗爸妈，欢迎一起动手做哦！

难易指数

材料取得 ★☆☆☆
制作难度 ★★☆☆
实 用 度 ★★★★

Idea for my dog!

柔软的毛巾经过折叠，可以变化出各种造型。本篇以“狗狗造型”进行示范，您也可以改造成兔子、猫咪、胡萝卜等动植物造型，当然毛巾的颜色也可随着造型作变化。

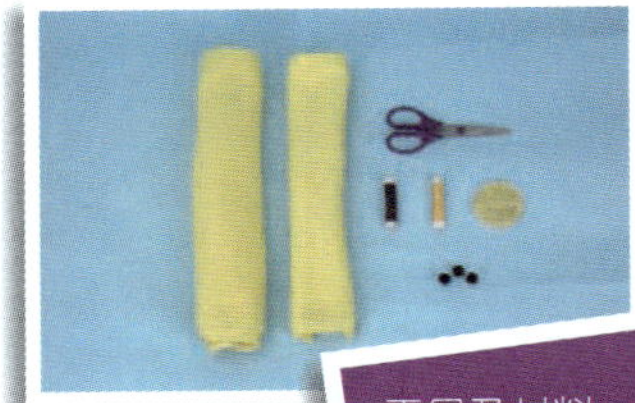

工具及材料

大毛巾（约34 cm × 87 cm）、小毛巾（约28 cm × 28 cm）、剪刀、线（与毛巾颜色相近）、针、珠子3颗（可用纽扣代替）

利用家里常用的毛巾当作素材，制作成布偶，不仅可让狗狗习惯玩具的气味，增加对爸妈的信任感，万一狗狗不小心把玩具破坏了，你也能迅速修补完成。

运用简单的缝纫技巧加上绑线的动作，可爱的毛巾狗马上就完成，不擅长针线功夫的狗爸妈也可以轻松制作哦！

毛巾布偶玩具制作流程

狗耳朵，轻松做

1 小毛巾摊平后，任选两个相对的毛巾角向中心点内折，两个毛巾角需交叠，如图示。

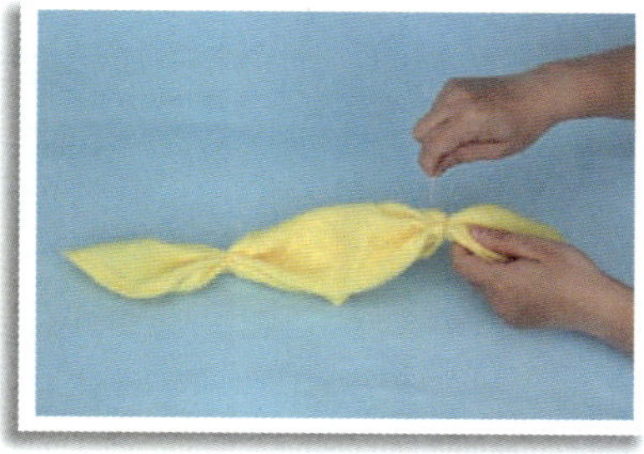

2 测量理想的耳朵长度，每边10～15 cm，并用针线缝绑固定。请留意两侧耳朵需对称。

狗身体，简单绑

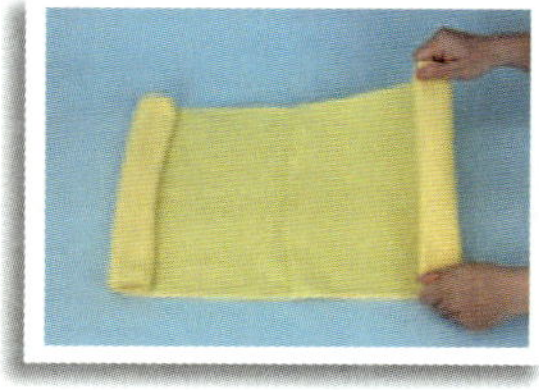

3 将大毛巾摊平后，由毛巾的两端各横向折叠2～3折。

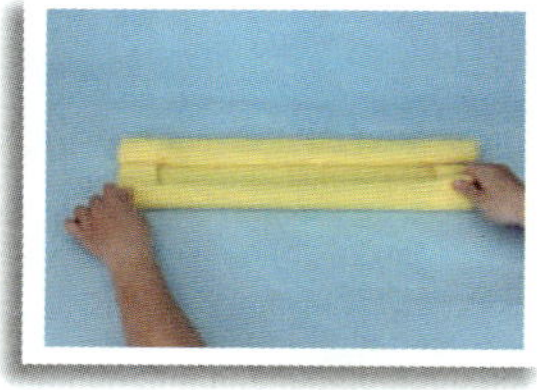

4 再由毛巾的另两端往中心卷，留意两边要平均对称。

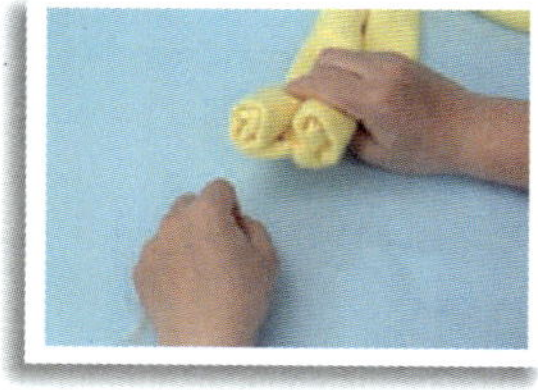

5 卷好毛巾后，用针线在离毛巾前端约5 cm的地方以针线缝绑，令毛巾卷起的两端固定不再分开。

6 两端都缝绑固定后，将毛巾翻至背面，并把耳朵的部分放置在毛巾中间，再将耳朵中间未缝合的部分（向内交叠的两角），拉出平摊于毛巾上。此时不需以针线固定耳朵。

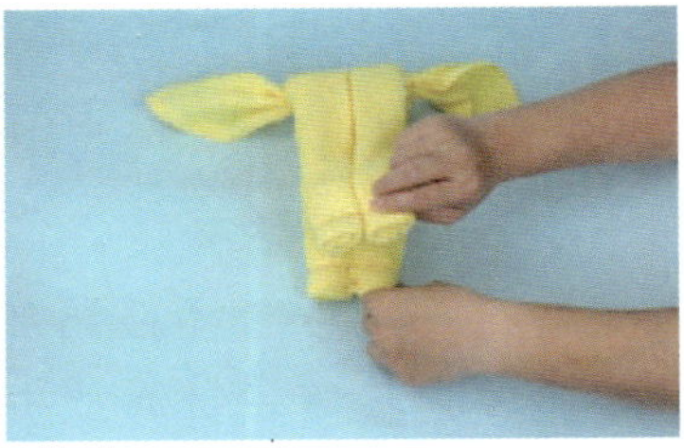

7 将大毛巾对折，选一侧当作脚，另一侧当作脸。

8 在离毛巾前端约10 cm的地方，再次以针线缠绕缝绑，使大毛巾的两端缝在一起。

9 将挡脸的那一面以手调整，捏出突起的狗嘴巴，将耳朵露出的多余毛巾纳入调整范围，可使狗狗脸部更立体饱满。

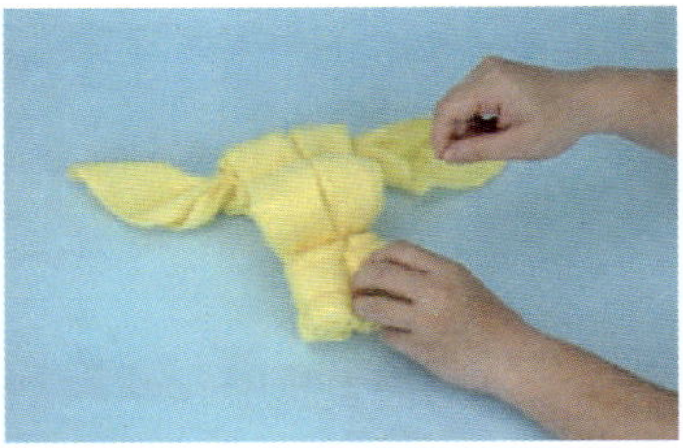

10 用线围绕狗嘴巴的基部，并缝数针加强固定。

11 调整耳朵的部分，确定位置后，再以针线缝绑固定。

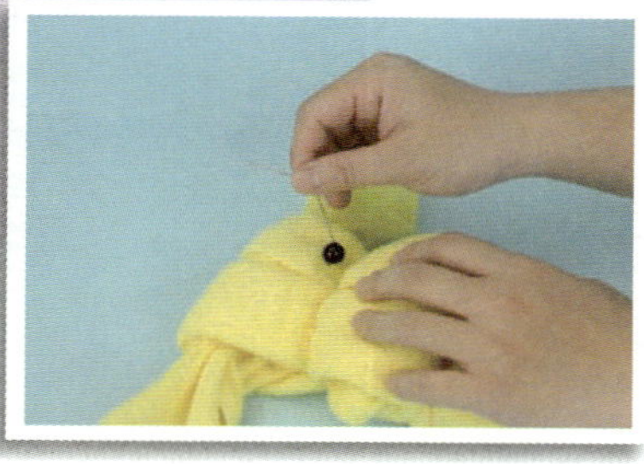

12 将预先准备好的黑色珠子缝在狗狗脸上，成为眼睛和鼻头，可随个人喜好调整位置，也可使用纽扣代替。

13 依个人喜好调整狗狗的身型和姿势。大功告成啰！

足部缝线小技巧

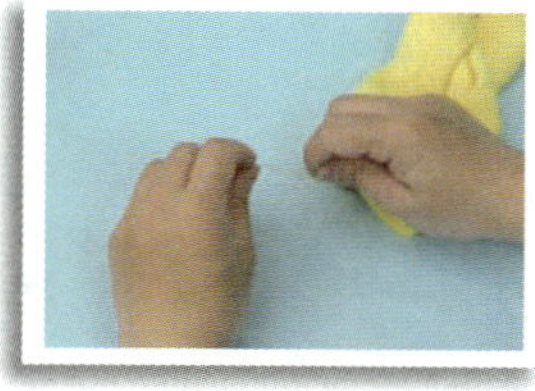

14 将针穿过离毛巾前端5 cm处，预留部分线段，不要让线头直接顶到毛巾。

15 把针穿过预留的缝线中间。

16 以如同写数字8的方式缠绕，大约重复绕线两次后，将针穿过毛巾打结固定。

谨慎挑选毛巾，玩得更安心

挑选毛巾时，记得使用不容易掉棉絮的材质，宝贝在啃咬的过程才不会误食。若想用全新的毛巾来制作，请事先将毛巾洗涤并晒干，以防止毛巾上残留的化学物质进入狗狗的肚子里。为了狗狗的健康着想，来历不明的毛巾要尽量避免哦！

两周一件，送给狗狗爱的亲手礼

撰文／Alice Mao
摄影／林永胜

宝特瓶&丝袜立大功

卷筒除毛器

身为狗爸妈的你，一定常为狗狗掉毛的问题感到困扰吧？拥抱时，让爸爸妈妈觉得触感松软的被毛，落到地上竟变成人见人恨的毛球垃圾，狗狗也不想这样啊！现在用你手边就能找到的材料，动手做个清除扰人毛球的卷筒除毛器吧！

Idea for my dog!

用扫把清扫狗狗掉落的废毛，毛可能会飘起来，形成另一道污染。若有个卷筒除毛器，狗爸妈可以坐在地上慢慢推，相对之下就轻松许多。而且符合环保概念，不怕环境污染喔！

5 May

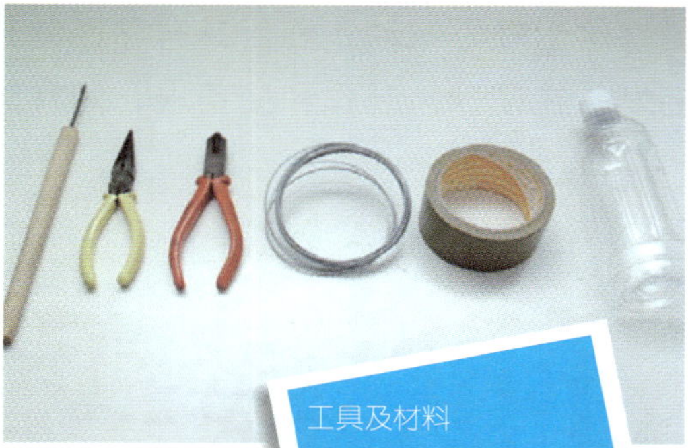

工具及材料

空宝特瓶1个、封箱宽胶带、粗铁丝、斜口钳或尖嘴钳（择一使用）、钻子

难易指数

材料取得	★☆☆☆
制作难度	★★☆☆
实用度	★★★★

无论你家的狗宝贝是长毛或是短毛，每天一定会碰到的问题就是掉毛！遇到季节更叠的时候，情形会更加严重。既然狗狗掉毛是正常之事，那么，狗爸妈理应无怨无悔地勤加清理，避免家中毛屑满天飞，也是确保你与狗狗的健康、维持生活质量很必要的功课喔！

不过，对于忙碌的狗爸妈，耐心打扫往往成了心有余而力不足的事，尤其在换毛期，几乎每隔一两天就要花上数十分钟来扫地、捡毛、拖地，其实负担还蛮重的；如果原本又不擅长做家事，彻底清扫就更成了大问题。因此，本篇要教大家自制一个方便操作又能重复使用的卷筒除毛器，让清理狗毛变得So Easy。

“卷筒除毛器”制作流程

利用穿过宝特瓶的铁丝当轴心滚动，利用具有黏性的封宽箱胶带黏附地上的毛发，在设计、制作和使用上，同样简单轻松。

利用标准样版裁出叶片布

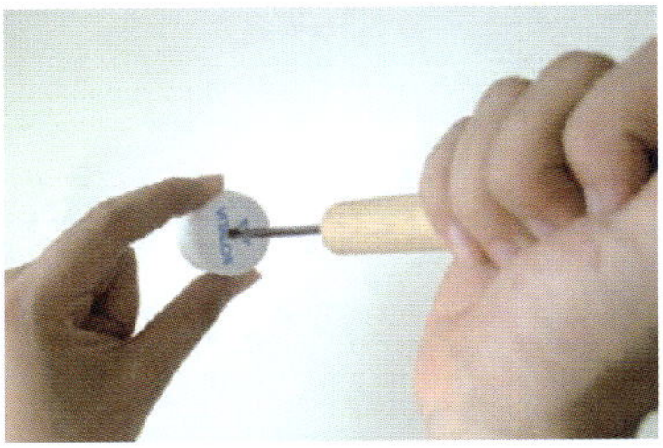

1 使用钻子，在宝特瓶的瓶盖上和底部中心点各钻出一个可容铁丝通过的洞。

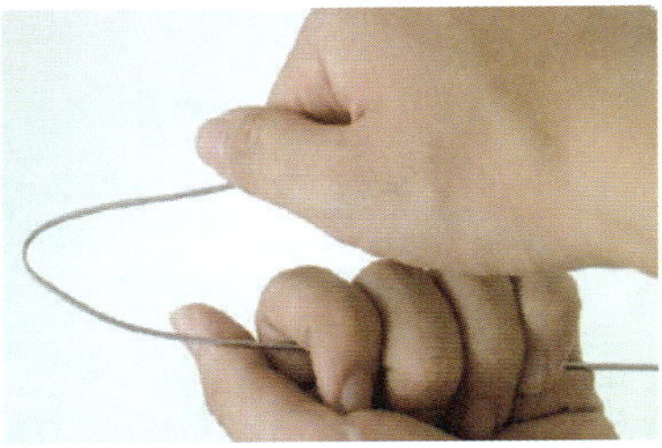

2 量取适当长度的铁丝（比较牢固）。对折弯曲处可以用尖嘴钳压平，使其平整才容易穿过洞去。

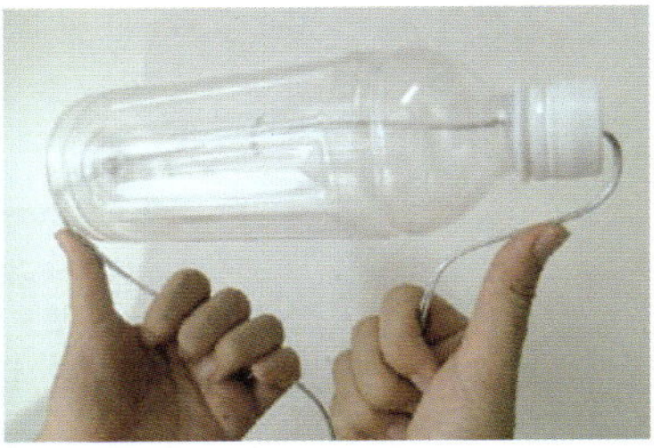

3 将折好的铁丝穿过瓶子，在两端各拗出一个弧度，拗的时候要留下充分的空间让瓶子活动。

Tips!
注意，要尽量让瓶内的铁丝保持直线，比较容易滚动。

4 用尖嘴钳将尾端的铁丝缠成麻花状当作把手，收尾要特别将铁丝尖端处理好，避免被刮伤。

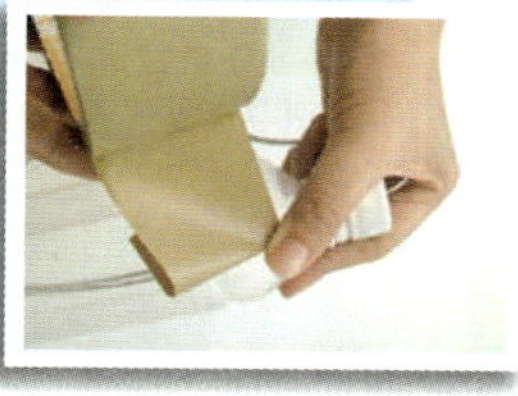

5 使用胶带有黏性的一面。将一小段封箱宽胶带向外对折，固定在瓶子上开始缠绕。

6 缠胶带时，下一圈的二分之一重叠黏在前一圈上，螺旋状贴满整个瓶身为止。

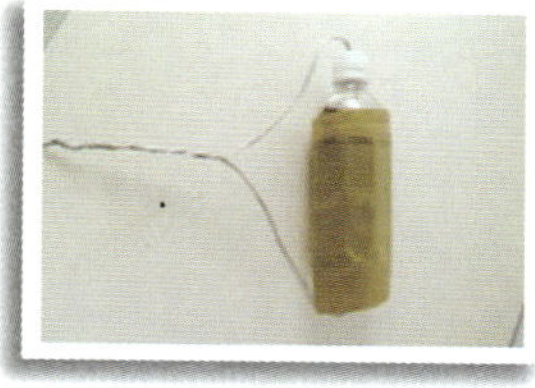

7 顺利完成啰！使用后只要将胶带撕掉就清洁溜溜，下一次要用时再缠上胶带即可。

清除针梳上的毛也很轻松

用针梳帮狗狗梳毛后，上面卡满了废毛，除了用排梳慢慢挑除，其实还可以运用丝袜和一点点小技巧来解决喔！

1 把丝袜套在针梳上。

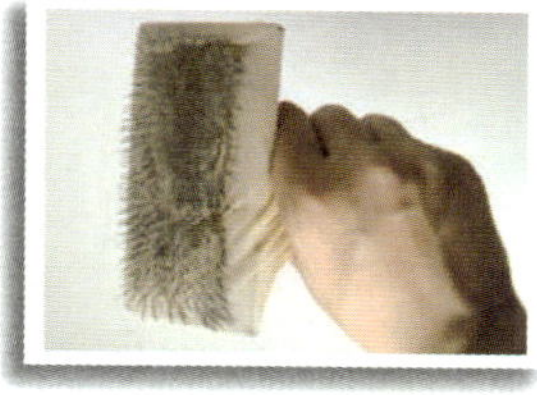

2 使用条状物（如免洗筷）把丝袜压到针梳根部。梳好毛直接把袜子向内脱下，毛就全部包在袜子内，不会到处掉啰！

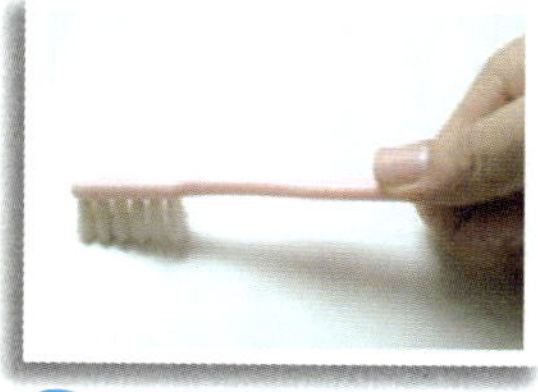

3 旧牙刷也是很好的清理工具哦！不易清理的地毯可用牙刷将藏在纤维里的灰尘、被毛统统带出。

节省体力又环保

现在，你可以拿着亲手做的卷筒除毛器，轻松优雅地一面讲电话聊天，一面清理地毯、磁砖上的狗毛了。当狗毛不再满天飞时，一定会有更多人乐意和狗狗亲近！

撰文／Alice Mao
摄影／李文钦

难易指数

材料取得 ★☆☆☆
制作难度 ★☆☆☆
实 用 度 ★★★★

魔鬼毡发挥大妙用

打不翻的垃圾桶

你家的狗狗常常受不了垃圾桶的诱惑，一心想寻宝却将垃圾桶里的所有“宝物”倾倒一地吗？是不是让你恨得牙痒痒，整理起来哭笑不得？现在，只要准备一块10元魔鬼毡，就能轻松解决这个大烦恼了！

Idea for my dog!

在垃圾桶战争里，人与狗都是难以妥协的，你希望狗狗不要乱咬，他偏偏忍不住……。山不转路转，干脆来改造垃圾桶吧！让垃圾桶无法被狗狗轻易打开是一招，让它乖乖站在墙角不倒也是一招哟！

工具及材料
魔鬼毡、剪刀、快干胶

来彻底解决人与狗的垃圾桶战争！说来简单，到10元商店买一块“魔鬼毡”回来，照着本篇的说明，帮垃圾桶DIY一下，保证轻轻松松就战胜狗狗，从此，让他对垃圾桶没辄。翻不倒的垃圾桶是养狗家庭必备的用品，可以让你的生气指数减少百分之五十以上呢！

“打不翻的垃圾桶——有盖式”制作流程

这是从防止小娃娃开抽屉或冰箱门的固定扣发想而来，由于市面上的固定扣将近百元一个，自己动手做的话不过10元，简单却很好用哦！

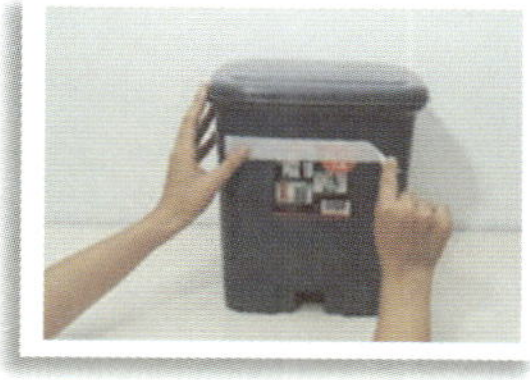

1 选择纤维较突出的一边当作下方固定条。撕去贴纸，用背胶将其贴在垃圾桶上。

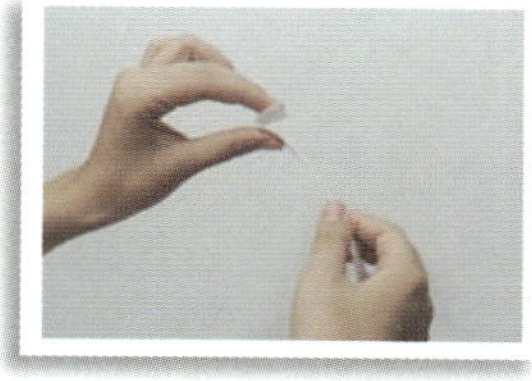

2 拿起魔鬼毡的另外一边，在任一头用力折出约1.5 cm的段子。

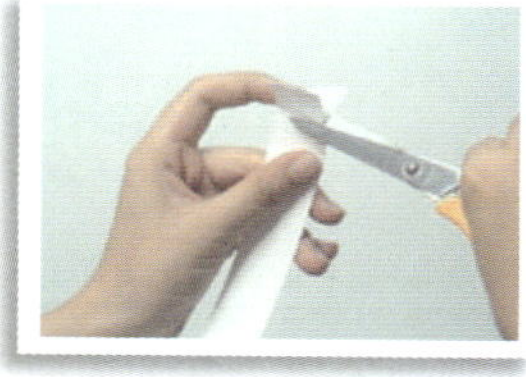

3 剪去那1.5 cm段子后的贴纸，并将其黏在桶盖上。

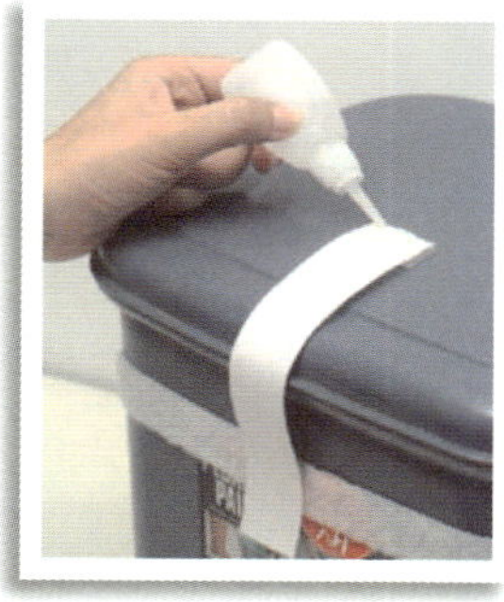

4 涂少许快干胶在接口，确保贴纸不会翘起。再把上下魔鬼毡黏合就完成了。

May

撰文／Alice Mao
摄影／李文钦

童军绳“缠功”有一套 桌椅脚保护套

走进养狗人的家，就算没看见狗，也会知道这家有个顽皮宝贝——看！每张椅子、桌子的脚，甚至钢琴的脚，都有狗狗留下的“吻痕”。不咬桌脚的狗少之又少，如果你又受不了嫌避剂的气味，那么，只有童军绳能解救你和你的家具了！

难易指数

材料取得	★☆☆☆
制作难度	★☆☆☆
实 用 度	★★★★

Idea for my dog!

木头桌脚咬坏了固然心疼，狗狗若将碎渣吞食下去，那会影响健康。既然无法阻止啃咬的动作，又不喜欢嫌避剂的刺鼻味道，不如以坚固可拆洗的绳子，将需要保护的家具脚缠绕一番。关键在于要缠紧，不可让狗狗咬开喔！

工具及材料

童军绳、剪刀、打火机

小狗在家没事可能因为磨牙或磨爪子的需求，而对家具来个“上下其口”，一根根好好的桌脚、椅脚，就这么被啃得坑坑洞洞，瞧在狗爸妈眼里，心疼还在其次，万一木屑全被狗狗误吞下去，那可就糟了！

所谓预防胜于治疗，除了教导狗狗正确的生活习惯外，只要狗爸妈多花点心思动动手，不但可以避免狗狗无意间的破坏，甚至可以增加居家的设计气氛喔！童军绳是你我学生时代都买过的东西，在一般五金行、十元商店、传统杂货店里几乎都有卖，它的韧性不错，如今甚至“进化”出不同的颜色，狗爸妈可以将它买回来，帮桌脚、椅脚穿上一层“防护衣”，自然不必担心狗狗把家具啃得斑驳难看了。

“桌椅脚保护套”制作流程

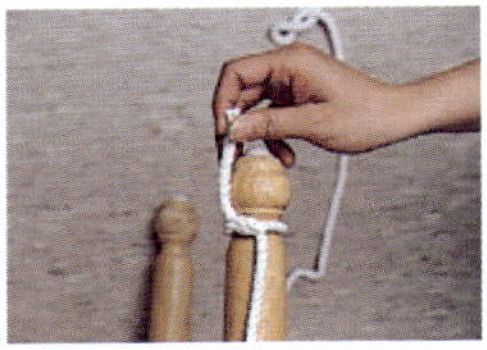

1 先将要绑的桌脚或其他位置以抹布擦干净，在童军绳要缠绕的位置底端打一个单结固定，将绳子拉到上方准备开始绑。

Tips!
底端需预留10 cm左右的绳子，以便收尾之用。

2 将桌子反过来后，绳子缠绕的顺序是由下而上，记得边绑边整理绳圈，不时向下推，增加紧实度。

3 缠好之后再推推绳圈，确定没有空隙，利用预留的绳段打一个平结，将绳子完全固定。

4 剪去多余的绳子，尽量将多余的绳子塞进绳圈中。

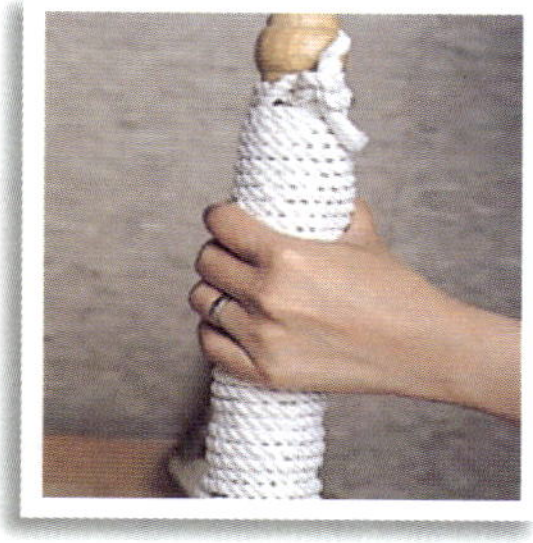

5 最后将绳子调整一下方向就大功告成了！

可拆洗可换色的保护套

使用的绳子，颜色或材质可以根据室内的色调和设计改变，挑选的原则是无毒、便宜、牢固又耐用，即使狗狗啃咬也不会掉屑即可。维护上，由于拆卸容易、可随时更换，定期更新可以保持清洁和美观。

撰文／Alice Mao
摄影／李文钦

家有破坏狂，出门也不怕！

安全围栏vs.便盆脚垫

浴室防滑板变身狗狗专用围栏，让独自看家的狗狗不再随处趴趴走，保障他不会乱咬、乱吞到不该吃的东西；如果搭配不锈钢盘，还可以改造成便盆脚垫。狗宝贝的安全与卫生保卫战，由浴室防滑垫大显身手。

Idea for my dog!

单独在家的狗狗最常被关在笼子里，只容转身的空间实在太小，再者狗狗会不断长大，若是有个空间可以弹性调整，那就好了。浴室防滑板，刚好符合这个需求，可以无限组合呢！

工具及材料

约1.5 cm的塑料浴室防滑板数片、绑电线用的束带1包、剪刀

难易指数

材料取得 ★☆☆☆
制作难度 ★★★☆
实 用 度 ★★★★

单独留小狗自己在家，狗爸妈总会心神不宁，最怕狗狗在家随处乱跑，吞了不该吃的东西，其次又怕他调皮捣蛋，破坏了家人心爱的物品。千万不要抱着碰运气的想法，认为“也许不会有事”，等到意外发生了才来后悔、检讨管教不当，通常已来不及了。

然而，每次出门便把狗狗关进笼里，狗爸妈也会心疼，更何况多数人的家中无法长期安置大型、宽敞的狗笼。现在教大家一个方法，巧妙利用大卖场或五金行都能买到的浴室防滑垫，制作简单好用的狗狗专用围栏和便盆脚垫，这样既不必担心狗狗的安全空间过于狭小，还可解决他憋尿的问题，这点子，真是太棒了！

“安全围栏”制作流程

想有效地限制狗狗在家的活动范围，又留给他有充分的活动空间，用几块随处可买到的浴室防滑垫就可以轻松组成好用的围栏啰！

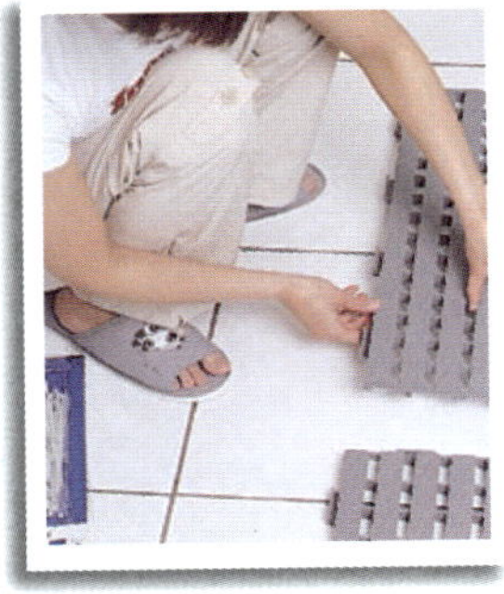

1 将两片板子平放，然后拼在一起。

Tips!

板子要直放、横放都行，可随狗狗成长的变化调整，让他不会轻易跑出来。

Tips!

以较平滑的一面朝内，格状凸起的一面朝外，要不然聪明的狗狗会借着格子攀爬跳出来。底部也是一样，以平滑的一边连接地面，围栏才站得稳。

2 用束带穿过两块板子的洞，用力拉紧，一边打3～4个结牢牢固定。

Tips!

记得结头一定要放在外侧，若在里侧，狗狗会啃得不亦乐乎。

3 剪掉过长的线段。

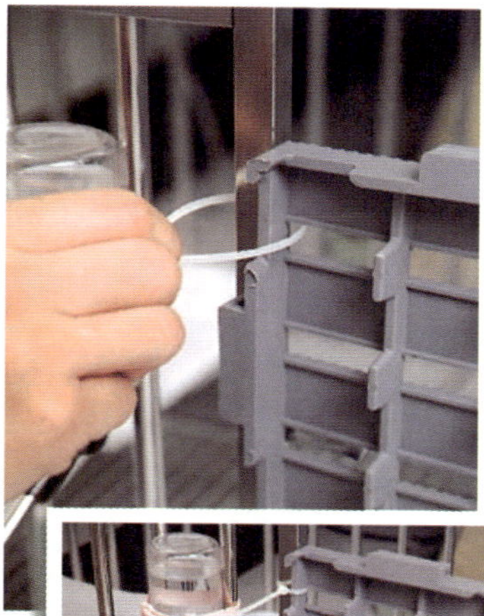

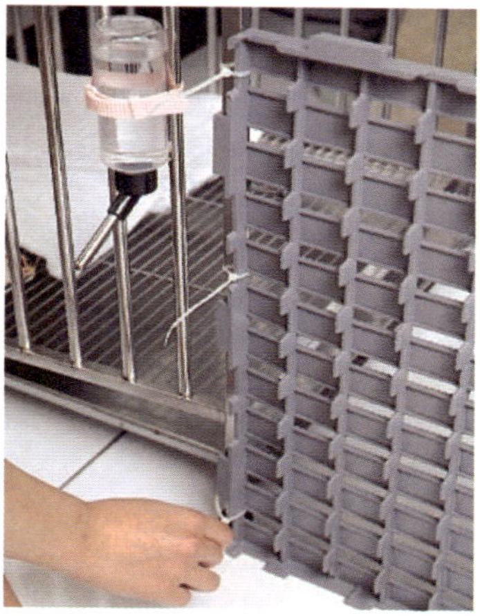

4 重复以上动作，用束带把板子固定在笼子上。

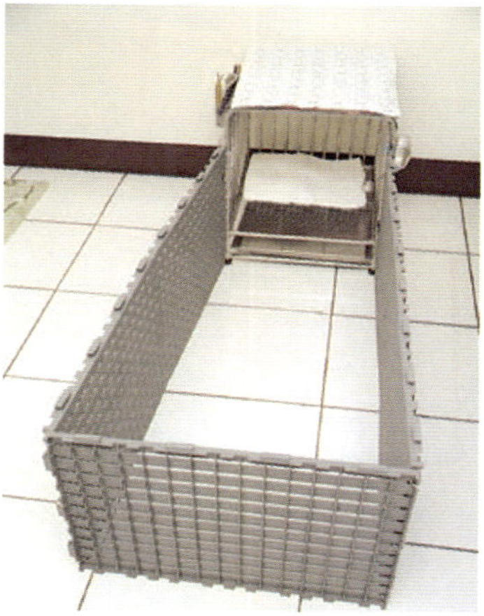

5 依照狗狗的体型和家里空间的大小来决定围栏的范围，三面都连结固定后就完成了。

“便盆脚垫”制作流程

浴室防滑垫可以变身成为让狗狗尿尿不沾脚的便盆脚垫，自己做超简单又有成就感，比起市面上贩卖动辄一个上千元的便盘，可是毫不逊色哦！

难易指数

材料取得 ★☆☆☆
制作难度 ★★☆☆
实 用 度 ★★★★

Idea for my dog!

让狗狗不憋尿，而且不会尿到自己的脚，把屋子弄得四处都是尿骚味，这样的需求，浴室防滑垫可以轻松达成。只要外盘和内垫高度正确，就可以顺利做出来。

工具及材料

不锈钢盘（像自助餐店最大号的盘子，五金行有买）、浴室止滑垫（格子比较细的，高度不超过盘子内侧厚度）

1 在盘内铺上报纸，也可多铺一层厨房纸巾，增加吸水力。

2 最后放上止滑垫就完成了！

Tips!
清理时只要更换下面的报纸和纸巾就可以，狗狗因为站在止滑垫上尿尿，所以不会沾到脚，干净又好整理。

机动性高，收纳方便

浴室防滑垫是常见的生活杂货，它具有拆卸方便的优点，一旦不再使用，可以轻松收纳，加上它的售价不高，是很理想的DIY材料。还有狗爸妈将这两种生活创意结合，变成训练狗狗如厕的好帮手，相当值得推广。

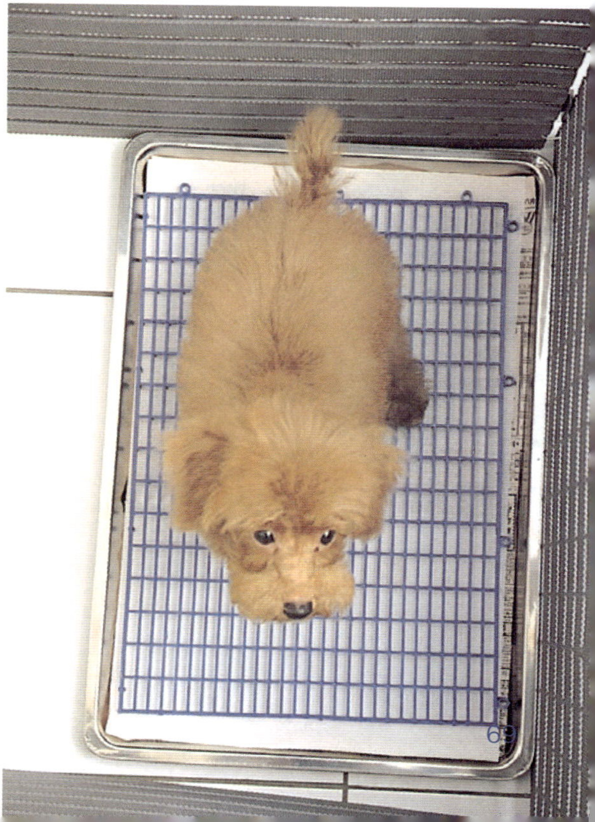

撰文／Alice Mao
摄影／林永胜

狗狗来去自如真方便

好进出 软垫狗门

当我们在家时，总喜欢让狗宝贝自由来去，穿梭于阳台与屋子之间、房间与客厅之间。只是，每次都要有人起身为他开门、关门，双方都辛苦。其实只要将家中的门局部改装，狗狗就能在不同房间自由进出了。

Idea for my dog!

采用软垫材质而不用亚克力，主要是方便切割或钻洞，不需其他专业的工具，而且价钱相对便宜。使用上，狗狗若是不小心撞到不会很疼痛，狗门也不会碎裂。若是想更换也很容易，是推荐使用的材质。

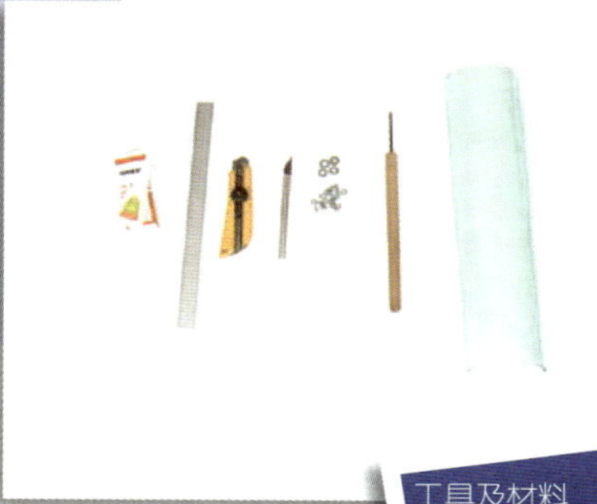

工具及材料

厚度0.5 cm的软垫（适当大小，五金行有售）、平口螺丝钉+螺丝帽+华司（挡片）、钻子、大型刀片、尺

难易指数

材料取得	★☆☆☆
制作难度	★★★☆
实 用 度	★★★★

获准可以屋内、阳台两头跑的狗狗真幸福！但狗爸妈并不是每次都有时间帮他开门，所以聪明的狗狗自然会想出解决的方法，有的会练习自己开纱门，懒一点的，则干脆把纱网钻破个洞，当作自己的专用出入口，进进出出，好不快活。

眼睁睁看着落地纱门被挖破个洞，这可不是光心疼就没事了，后续的烦恼接踵而来，夏天蚊子入侵、冬天冷风渗入，弄得爸妈和狗狗都会尝到苦果。有的朋友忍不住请来工人修补了纱窗，没几天又被狗狗重施故技弄得烂烂了。为了一劳永逸解决纱门修与不修之间的犹豫，干脆就帮狗狗做个小狗门，这样，狗狗更能正大光明地自由进出啰！

“好进出软垫狗门”制作流程

切割前的测量，是很重要的环节。尤其长度上，宁可稍长一点点，这样对阻挡蚊蝇才能奏效。

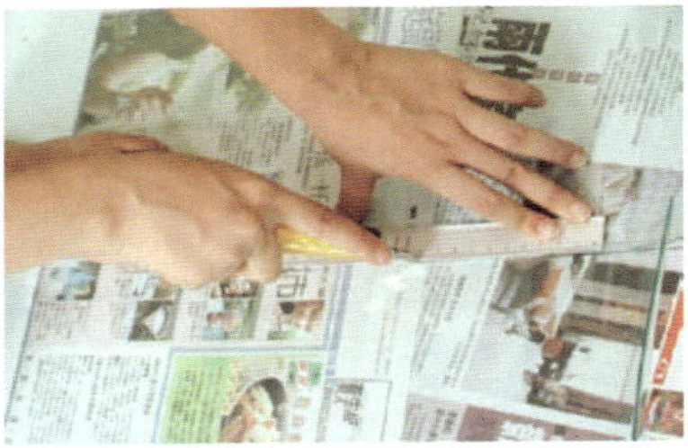

1 将一整块垫子对折，用刀片裁成一半，变成2块垫子。

Tips!

制作前需事先丈量纱门大小，长宽都多算一点。切割之前要比对一下，再次确定要做的大小是否和纱门符合。

2 再次量过，将2块垫子细修成完全符合纱门的大小。

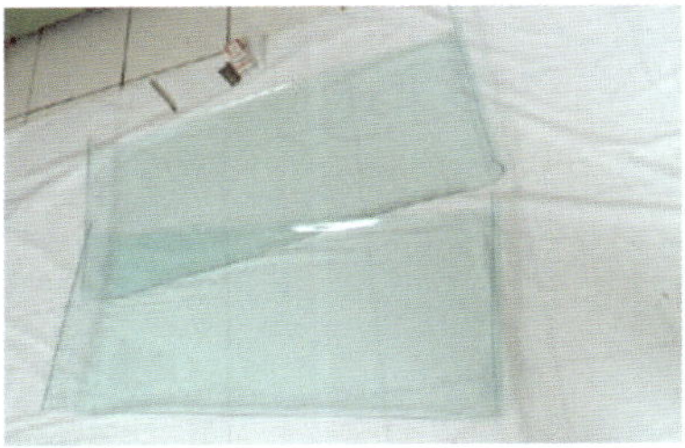

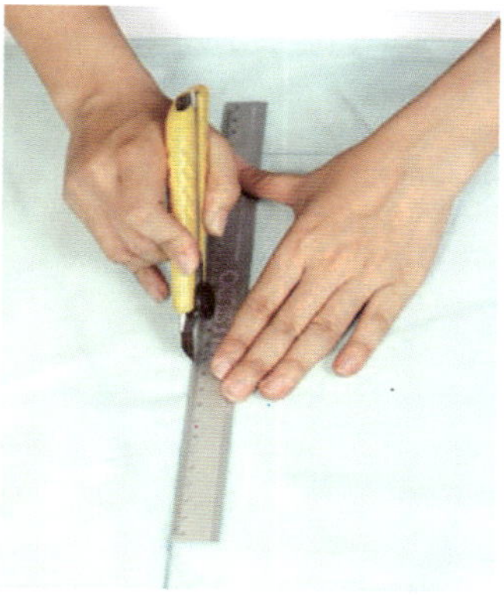

3 依照狗狗的背部高度和体型，在软垫中间割出门的形状，注意只要切开左右两边即可。

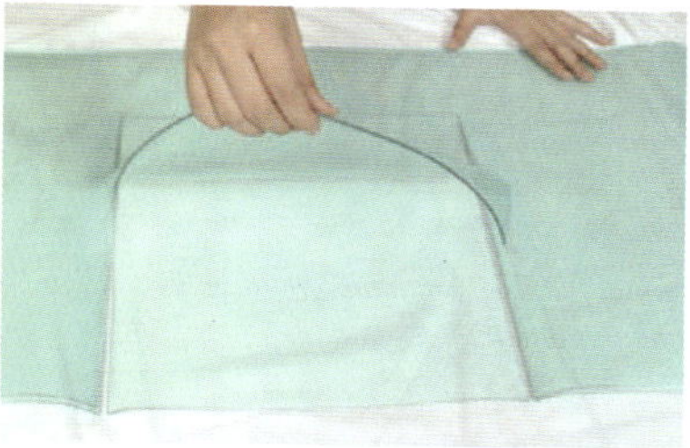

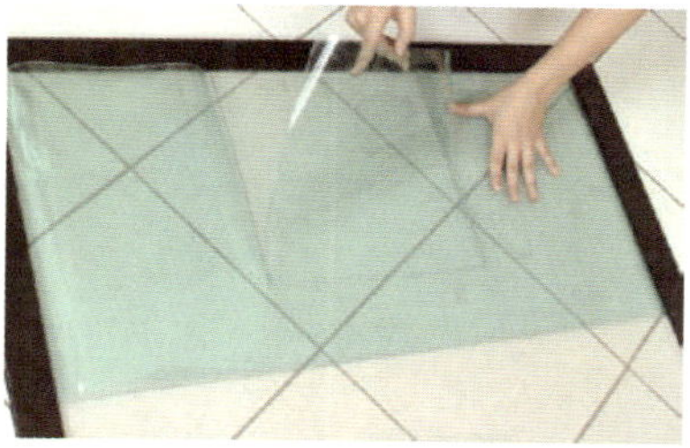

4 把软垫一前一后放在纱门上对齐，然后大约量出适当距离，用笔标示记号，准备用螺丝固定。

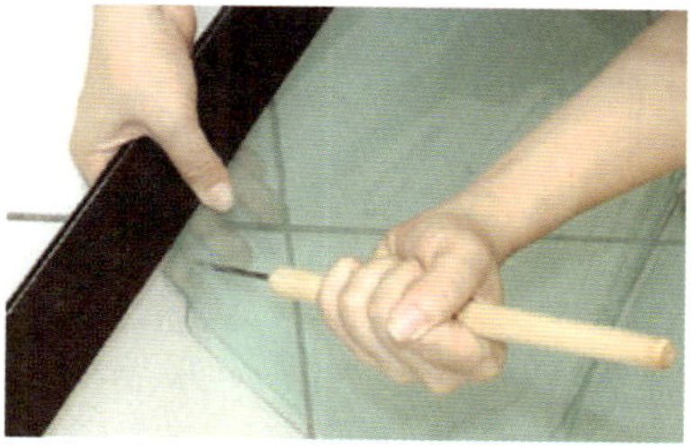

5 用钻子在前后的软垫上钻洞，顺便拨开一点纱窗，露出空隙方便螺丝穿过。

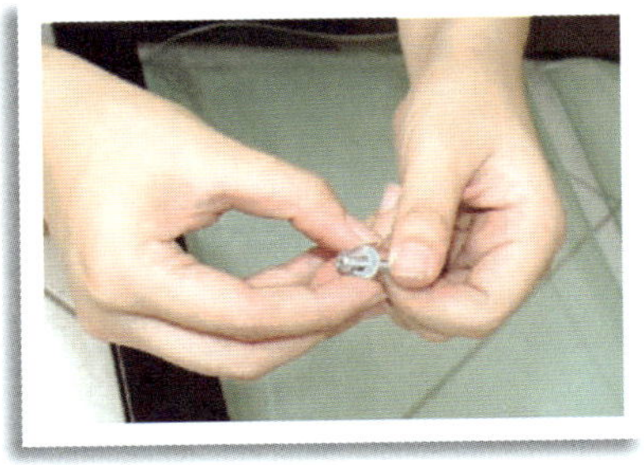

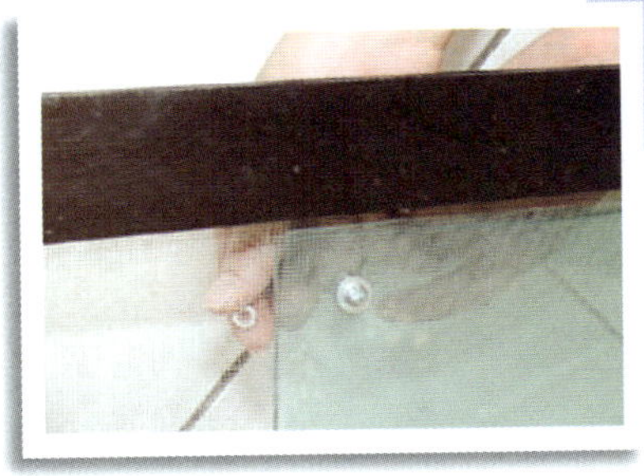

6 螺丝钉上先套上华司（挡片），用力穿过钻好的洞。穿过后，再套上一个华司，拴上螺丝帽即固定好一个。

Tips!
穿螺丝钉前，可用刀片在钻好的洞上割十字，会更好推过。

7 反复步骤5和步骤6的动作，直到固定牢靠为止。

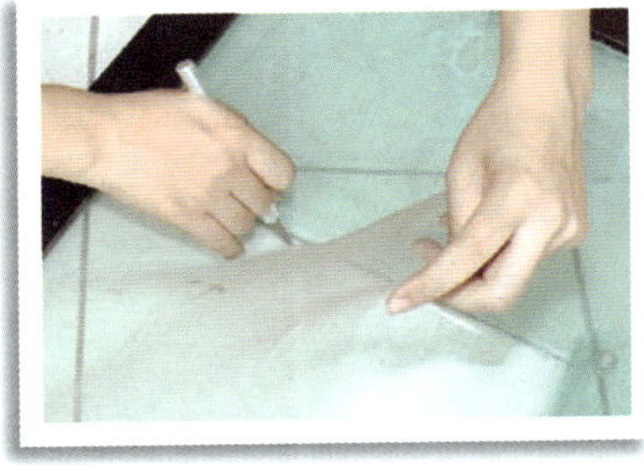

8 用刀片将狗门位置的纱网割掉。

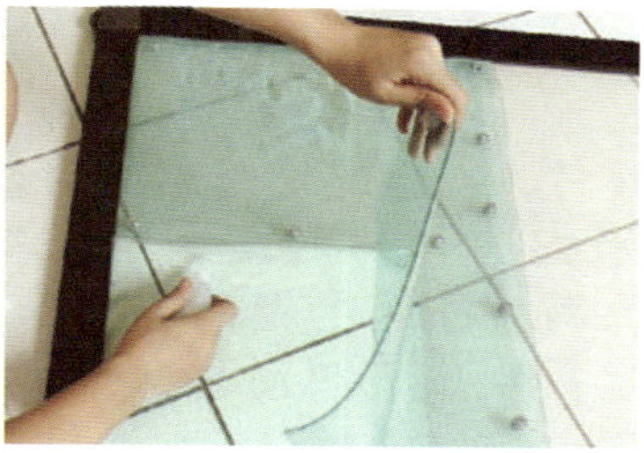

9 用快干胶把前后2片软垫黏合（若是狗狗很小怕他推不动，可以只留一片软垫当门）。

Tips!

门的部分不用弄特别短，长一点可以挡住空隙，避免蚊虫进入室内。

10 将纱门装回原来的位置就大功告成了。

室内任何门都能轻松改

使用透明软垫的改造法，并不局限于阳台和屋内，只要发挥巧思，也能应用在浴室门、卧房门，或是任何你觉得想要改善的大门上。尔后，狗狗可以更加自由，狗爸妈也免去不断起身开门关门的负担。

两周一件，送给狗狗爱的亲手礼

撰文／洪若薇
摄影／王宏海

从肚子凉到头的彻底享受

消暑散热板

炎热的天气，狗爸妈纷纷拿出消暑绝招，为狗狗开冷气、剃毛、冲凉……。其实还有个消暑好方法，就是帮宝贝制作一块消暑散热板，让他一趴上去，就有五星级的凉快享受。

Idea for my dog!

利用金属的散热效果，制造平而稳的一块板子，提供狗狗降温的舒服地。尤其是铺设地毯或塑料地砖的家庭，可以多做几个，放在各房间不同位置，让狗狗随时有落脚纳凉的地方。

July

工具及材料

金属制的空饼干盒盖、剪刀、榔头、双面泡棉胶带、止滑垫

难易指数

材料取得	★☆☆☆
制作难度	★★★☆
实用度	★★★★

对住在台湾的狗狗来说，散热板是他们熬过炎炎夏季的必需品。为了改善狗狗热得垂头丧气和拚命吐舌头哈气，多数狗爸妈选择帮狗狗剃毛、开冷气。但是对狗狗来说，如果有一块散热板，他们一趴上去能立即让肚皮降温，这是多么舒服畅快的享受啊！

根据这个原理，只要是接触了能够让人产生凉快感的材质，都可被考虑用来制作散热板。吃完饼干后，留下来的金属饼干盒就很适合回收，当作本次DIY的材料，它的降温效果良好，狗狗趴上去纳凉真的会很满足。为了狗狗，狗爸妈赶快卷起袖子开始动工吧！

“消暑散热板”制作流程

由于饼干盖是立体的，将它处理得平整而安全是制作时的重要关键步骤，请耐心处理，使用榔头时尤其要小心。

1 准备够大的空饼干盒盒盖，用榔头把盒盖的四个边边向内敲平，贴紧盒盖。

Tips!

只要是容易散热的材质，都很适合拿来制作成散热板。到五金行或是DIY商店逛一逛，摸起来很凉的材料都可以考虑。

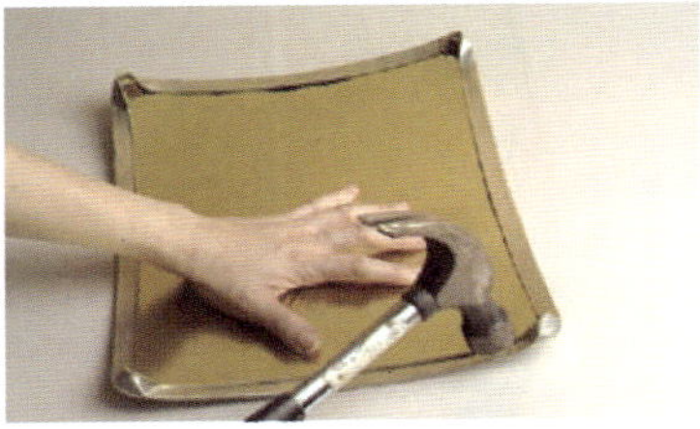

2 先敲平四边，四个角稍后再处理。

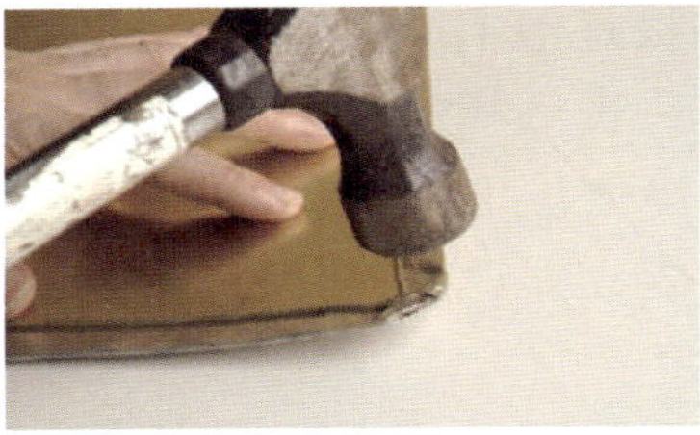

3 等四个边都敲平贴紧盒盖后，继续将四个角敲平。这是比较不容易处理的动作，可使用榔头，平稳地慢慢施力。

Tips!

饼干盒的材质很薄，若是很用力地敲击，会翘得很严重。

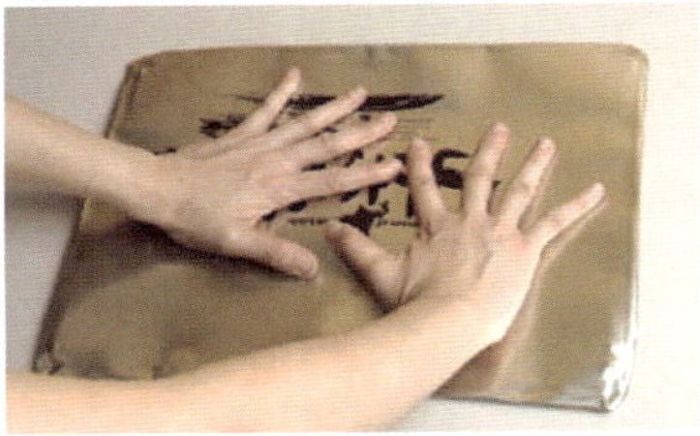

4 边边和四个角都敲平后，薄薄的饼干盒盖显得有些弯曲不平，这时将双手摆在盒盖上，用身体的力量平均地施压，压一压后再翻面重复这步骤，直到饼干盒盖尽量平一点。

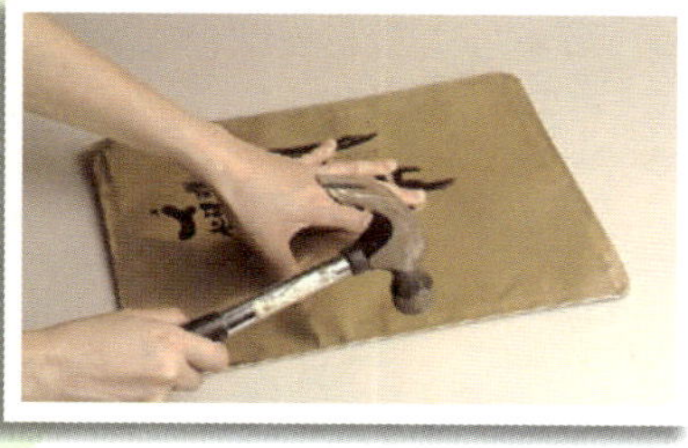

5 用榔头慢慢敲饼干盒边缘，做修整的工作，一面敲一面调整，目标是将盒盖敲得更平。

6 接着剪下一块止滑垫，止滑垫的长度比饼干盒盖宽度多一点点，止滑垫的宽度为泡棉胶带的2倍宽。

7 剪下两条双面泡棉胶带，直接用饼干盒盖来测量要剪多少长度。

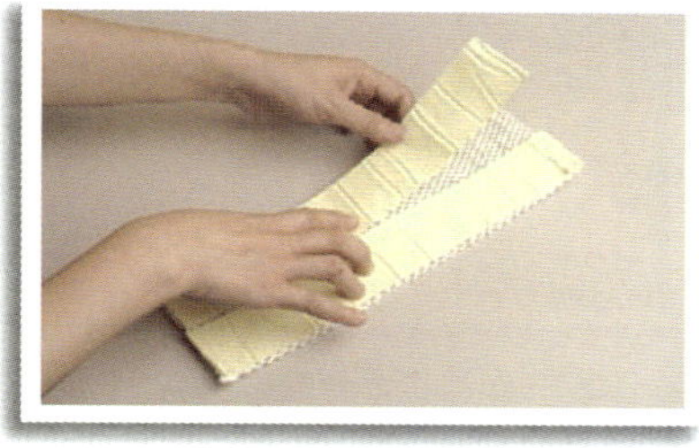

8 把两条双面泡棉胶带黏在止滑垫上。

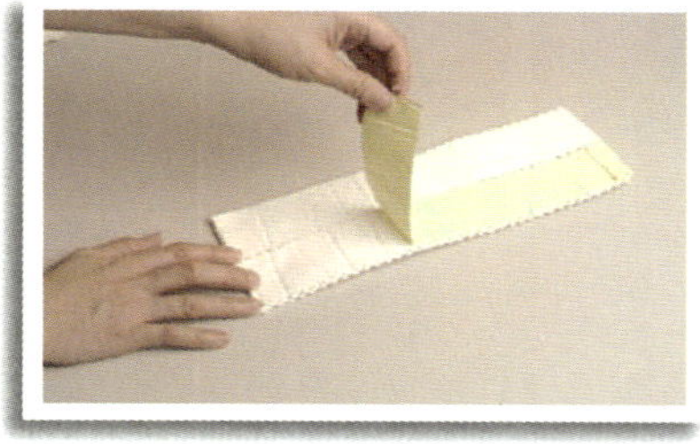

9 撕去胶纸。

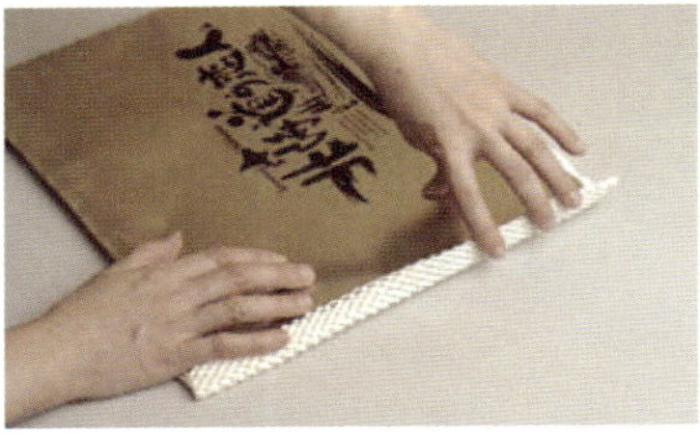

10 将饼干盒盖贴在贴了粘胶的止滑垫上，留下的边不要太多，上面是要给狗狗趴的地方，尽量多留一点可以让他接触饼干盒盖的面积。接着将止滑垫的边折过来，粘住饼干盒盖。

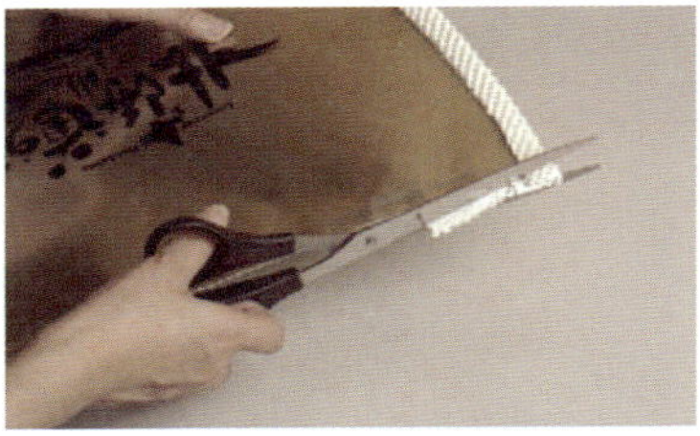

11 仔细地将多余的边修掉。

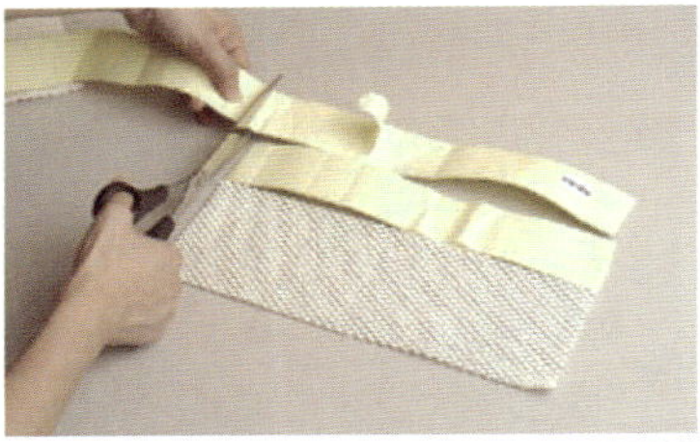

12 接着如法炮制，制作另一个边所需要的止滑垫条。

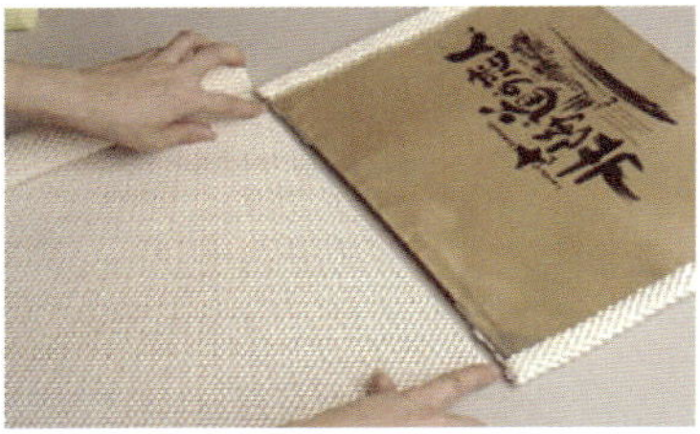

13 饼干盒盖两边都粘好止滑垫条之后，开始制作剩下未处理的边，直接用饼干盒盖量出所需要的止滑垫长度。

14 将双面泡棉胶带粘上。

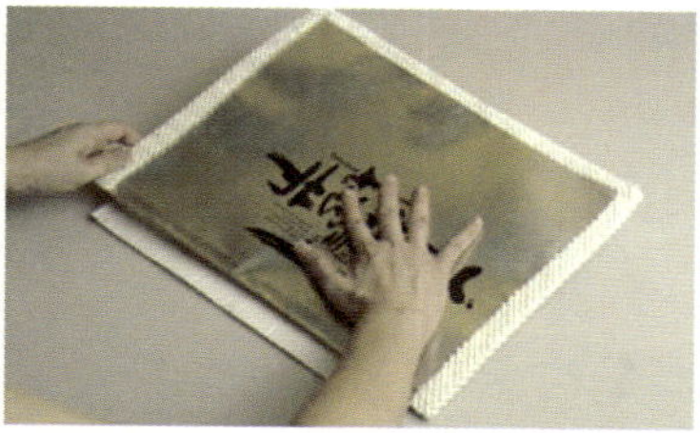

15 四边都粘好之后，开始做最后调整，用手把不平的地方压一压，让整块饼干盒调整成一块板子的模样。

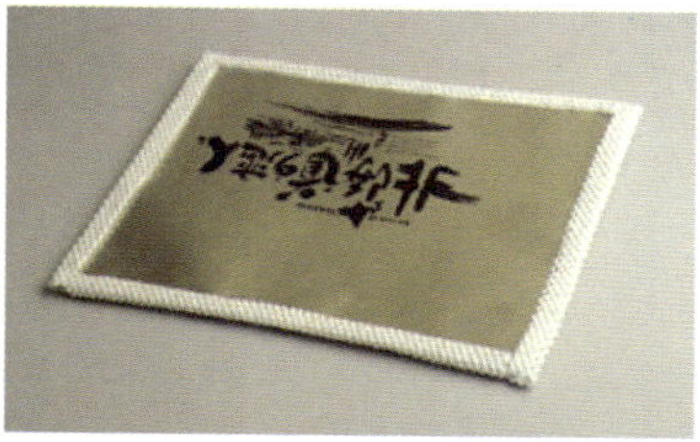

16 用饼干盒盖制作的消暑散热板完成啦！

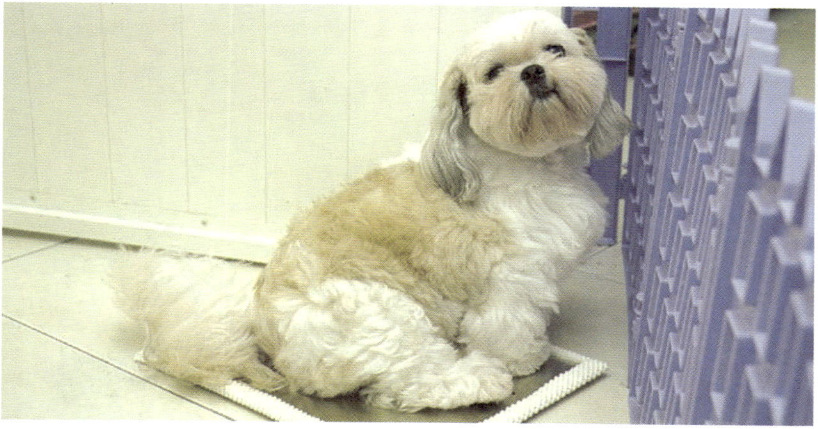

狗狗的夏日良伴

只要你搜集到饼干盒，花 30 分钟左右、100 元不到的材料费，就可以让狗宝贝清凉一整个夏天。受限于饼干盒的大小，大型狗狗的爸妈可以直接去五金行或建材行，找寻大小适中的金属板回家制作，就可带给宝贝无上的享受。

撰文／陈丽平
摄影／陈彦豪

收拾黄金记号好方便

散步用清洁袋抽取盒

趁着天气晴朗，与狗宝贝出门散步是许多狗爸妈最大的乐趣，偏偏狗儿子、狗女儿一到了野外心情舒坦，接着就留下到此一游的“黄金记号”。有了清洁袋抽取盒，就能优雅处理狗狗的排泄物了！

难易指数

材料取得	★☆☆☆
制作难度	★★☆☆
实 用 度	★★★★

工具及材料

塑料袋、绳子、小刀、尺、圆形洋芋片空罐、胶带

Idea for my dog!

就像家中使用的盒装面纸，可以一张接一张地抽取，清洁袋抽取盒让你在忽然需要塑料袋时，不必手忙脚乱。

养狗的爸妈最爱带着宝贝出门，让人欣赏一下狗儿子的英姿焕发、狗女儿的标致迷人，顺便让宝贝们活动一下筋骨、扩展社交范围，交些志同道合的朋友。

本来一切进展得顺利、愉快，偏偏狗狗挑在这时嗯嗯，要是恰巧忘了带塑料袋出门，又没有任何清洁用品，不但尴尬，留下满地黄金更不知如何是好。落荒而逃绝不是养狗人应该有的作风，为免除这样的窘境，我们就来制作超可爱的“清洁袋抽取盒”。出门散步时只要带着它，再也不必慌张地寻找塑料袋，就算遇到狗狗上大号，也能从容处理哦！

“散步用清洁袋抽取盒”制作流程

这个抽取盒是为了散步用，如果狗狗能自行带着它，或由狗爸妈轻松挂在手腕，会理想很多，所以它的设计以轻巧、顺手为目标。若想做一个放在车上，或希望大量收纳塑料袋，可考虑将洋芋片空罐加大、牵引绳加长。

抽取盒制作不求人

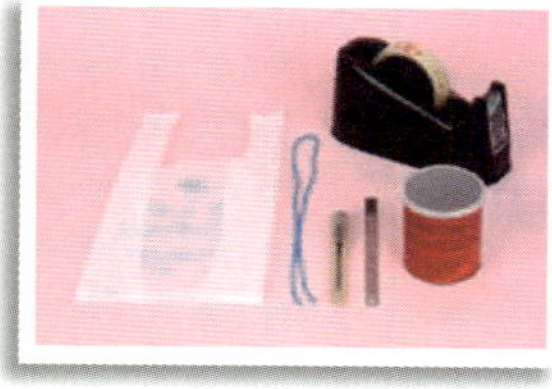

Tips!
在盒盖割米字形时，切勿割得太大或太小，约占盒盖面积 $^2/_3$ 即可。

1 首先在软式的塑料盒盖上，用小刀划出米字形。

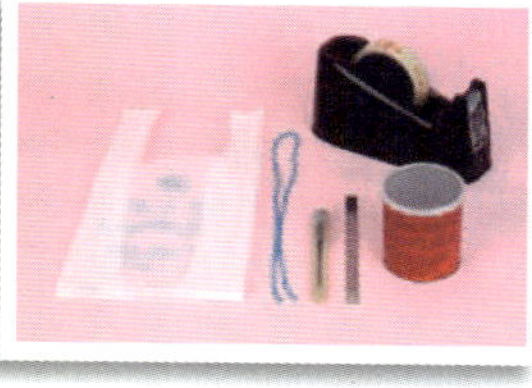

Tips!
盒身的小洞也尽量不要超出绳子圆径太多，以免打结时发生容易脱落的现象。

2 用小刀在盒身下方挖出一小洞，宽度仅供绳子穿越即可。接着再将绳子穿越洞口，并在盒身外侧打结，令绳子无法由洞口脱离。

塑料袋整理小妙方

3 将塑料袋摊平整理后，再将塑料袋的主体做简单的打结。

4 将全部的塑料袋打结后，将提袋的部分环环相扣。

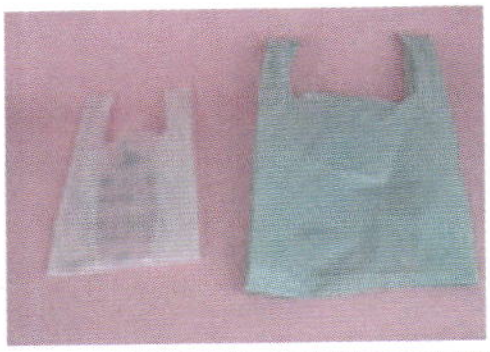

Tips!

塑料袋材质方面，以较薄、较软的袋子为佳，一来可以收纳更多的塑料袋，二来可以避免抽取时发生卡住的现象。

完成超可爱抽取盒

5 将饼干盒内的绳子穿越环环相扣着的塑料袋。

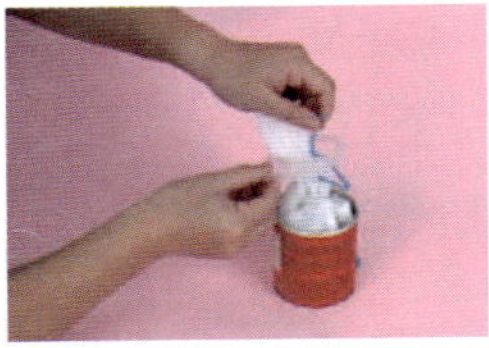

6 将所有的塑料袋整齐放入盒内，并将拉绳穿越盒盖后关上，即可完成。

7 由于塑料袋环环相扣，因此抽起第一个塑料袋后，第二个塑料袋的提柄部分也会跟着自盒中抽出，但却不会拉出全部的塑料袋，如此一来就可以方便下一次的使用。

盒身美化小技巧

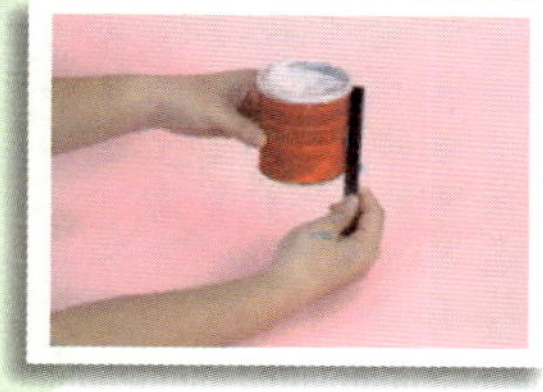

8 测量盒身的高度及周围长度。

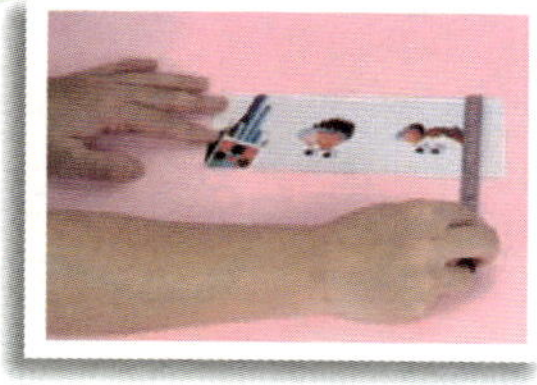

9 准备喜欢的广告纸或狗宝贝的可爱照片，并测量符合盒身的长宽高。

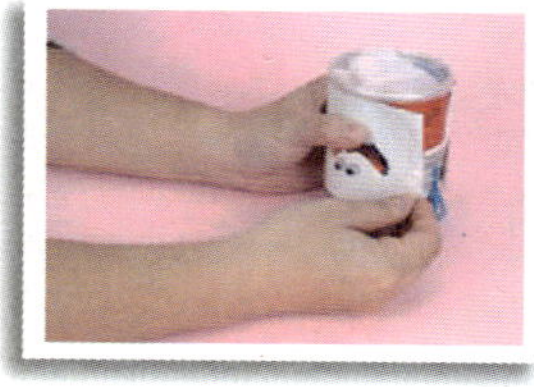

10 将预备好的包装纸用胶带贴上。

11 为了携带方便，狗爸、狗妈可以在盒身接近盒盖的两侧，加入提绳方便携带。

不起眼小物的魅力

一个可爱又方便的清洁袋抽取盒，为带狗散步这件事创造莫大的便利，最可贵的是，它几乎不花什么材料钱，而是将许多废弃的东西加以回收，转化成有益狗狗与我们生活的用品，这正是DIY的最高境界。

两周一件，送给狗狗爱的亲手礼

撰文／陈丽平
摄影／陈彦豪

出门轻松带着走

轻便外出碗

出门在外，随身物品当然是越轻便越好，为了让狗狗出外也能吃得安心、自在，需要一个携带方便、使用简单的狗碗。亲手为宝贝设计一个吧！让他在用餐中，一道咀嚼你的关爱。

难易指数

材料取得	★☆☆☆
制作难度	★★☆☆
实 用 度	★★★★

Idea for my dog!

准备材料时，请挑选材质硬一点的餐垫，可避免太软无法撑起饲料或水的重量。此外，扁脸狗的爸妈请特别留意，将碗的深度调整得浅一点，也就是将浴帽往狗碗主体（餐垫）套多一点部分，这样扁脸狗才能轻松使用这个碗。

工具及材料

皮尺、浴帽、塑料餐垫、剪刀、魔鬼毡、签字笔、小刀、夹子

带狗狗出门郊游对于疼爱宝贝的狗爸妈而言，总是既期待又困扰，期待的是与宝贝爱犬户外走一起同乐，困扰的是帮狗狗准备出门用具总是大包小包，深怕少拿一样就会带来极大的不便，如果这时有哆啦A梦的缩小灯该有多好呢！

其实，只要利用家里的日常用品，花点巧思加工一下，原本占空间又不易携带的物品，也能轻松带出门！好比狗狗在家使用的碗，为求不易打翻，多半重量不轻，要带出门真的有难度。本篇要教大家利用常见的浴帽与塑料餐垫，透过简单的步骤变身成为实用狗碗，从此以后出门行李减轻，快乐却无限加倍，喜爱带狗狗出游的爸妈们一定要动手做做看！

“轻便外出碗”制作流程

只要掌握狗碗主体（餐垫）组合时的稳定度、套上浴帽后不致脱落，这项DIY成品绝对可以成功出炉。

1 首先拿出皮尺，在塑料餐垫上量出适合狗狗的狗碗高度。

2 接着拿出签字笔在餐垫上做记号，为了不影响狗碗的美观，标示不要太大，看得清楚即可。

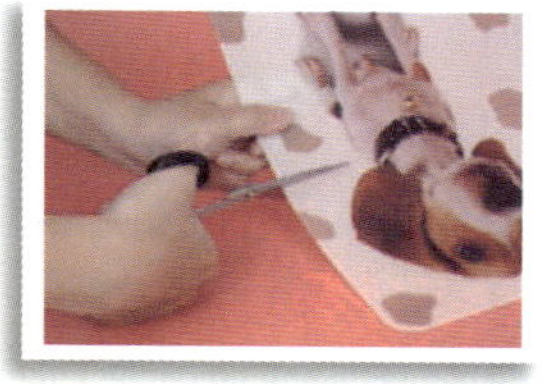

3 使用剪刀将不需要的部分剪掉，如果担心剪得不够直，可用小刀及尺辅助，或者在餐垫上画直线，以便剪裁。

4 剪好之后如图所示。切记与地面接触的一边需剪裁平整，以免狗碗不稳。

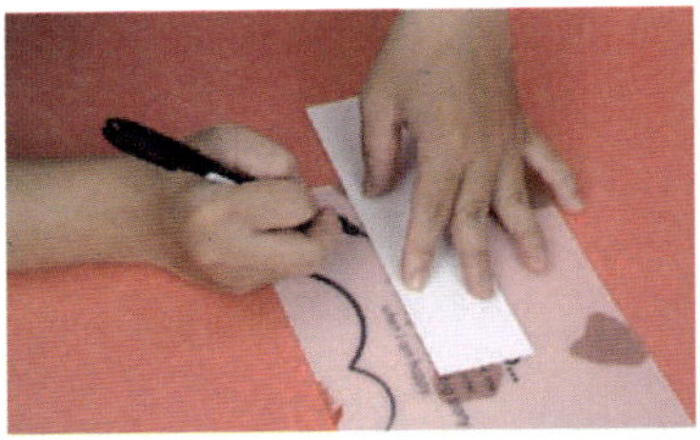

5 接着使用签字笔在餐垫上做ㄇ字形的记号，ㄇ字开口处向外，如右图所示。

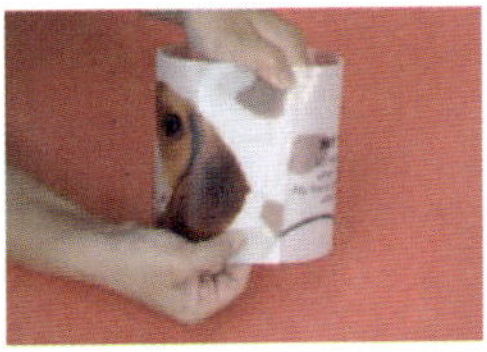

6 将餐垫围成一个圆圈，未画ㄇ的部分在上，有ㄇ的在下，并在未做记号的那一面，借着餐垫的透光性，画出与两个ㄇ字重叠的线段（只需画出ㄇ字上头的两道线）。

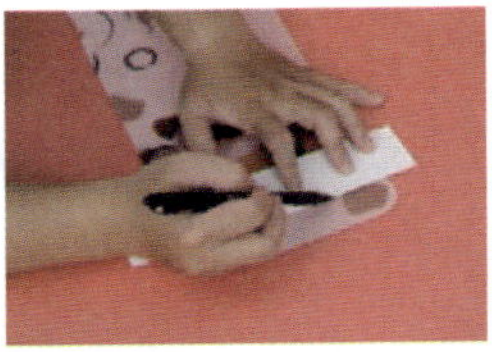

7 如果觉得直接在餐垫上画线不够美观，也可以先轻轻做记号就好，之后再用尺及签字笔画出整齐的线。

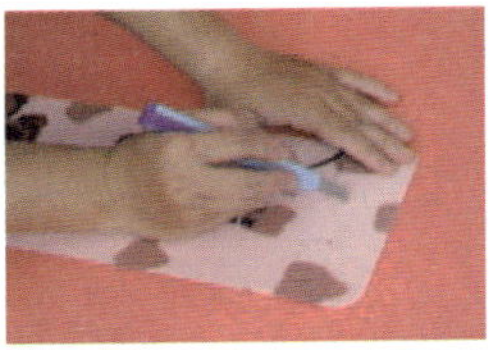

8 接着用小刀分别沿着线段割开。

9 将两个割开的ㄇ字分别插入另一侧的一字形开口，成为一个简易的卡锁。

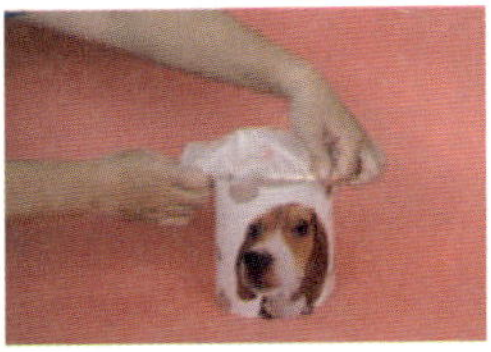

10 将预备好的浴帽套上餐垫。

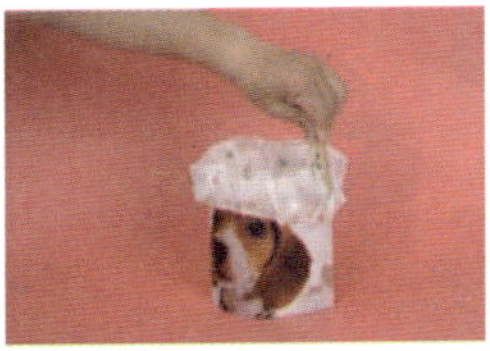

11 为了预防浴帽脱落，可以用夹子夹住浴帽，即完成。

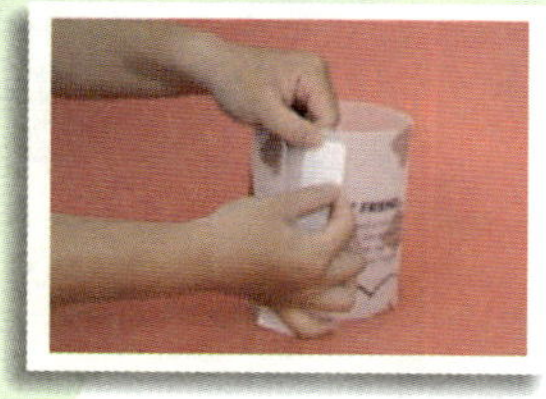

12 另外，也可以用魔鬼毡来固定浴帽。首先剪出适当大小的魔鬼毡，并将其钩面的部分贴在餐垫上，为了固定浴帽，建议贴两片以上的魔鬼毡以确保不会脱落。

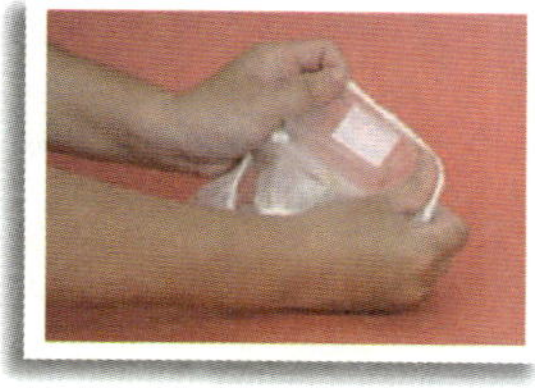

13 然后再于浴帽内侧贴上魔鬼毡的毛面，记得浴帽的魔鬼毡位置要与餐垫上的位置相符，以便粘贴。

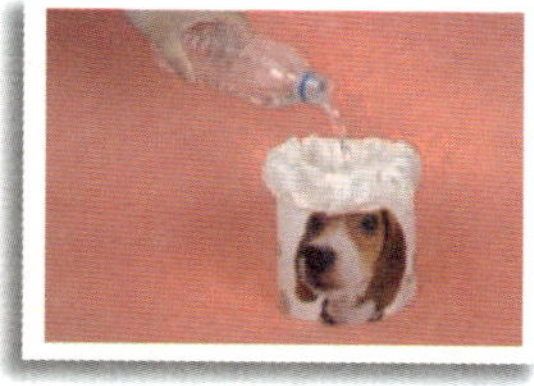

14 轻便碗完成了！无论用来倒水或装饲料，都相当方便。

可调整出适当的深度

这个好携带、可拆解的简易狗碗，不仅减轻带狗狗外出时的配备重量，还能节省不少空间，而且相当容易清洗。最优的是，它可调整成狗狗适用的深度和大小，让宝贝轻松喝水或进食，实用度100分！

撰文／Camby、陈丽平
摄影／陈彦豪

从此不再手忙脚乱

超好拿饲料零食罐

在遛狗的场合中，看到有人从腰际随意拿出狗狗的零嘴、饲料、小饼干，那种轻松愉快的氛围，不知羡煞多少带着瓶瓶罐罐的狗爸妈。现在利用咬坏的塑料小球、宝特瓶，就能制造出两款超好拿的小皮球腰间罐、拉炼零食罐，任君选择唷！

Idea for my dog!

宝特瓶是DIY之宝！只要设计出一个方便打开、关上的开关，宝套瓶就化身成饲料零食罐，外出时超级方便。而小皮球的弹性，让腰间零食罐的方便性提升至最佳状态。

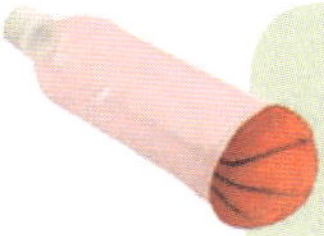

August

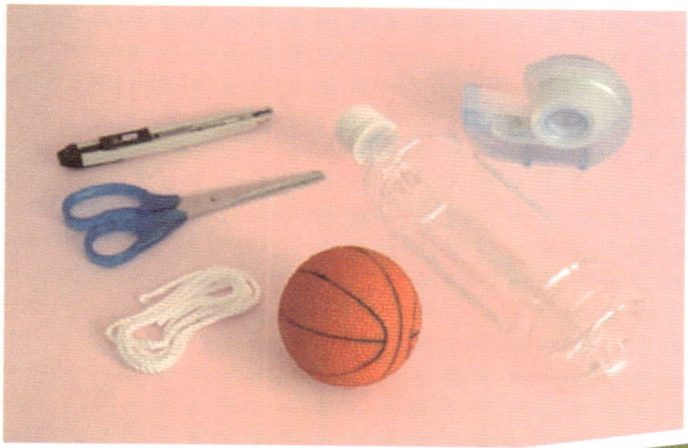

工具及材料

剪刀、刀片、细绳（长度约1 m）、宝特瓶（600 mL）、双面胶带、废弃的玩具、塑料球（直径 10 cm 以内）

难易指数

材料取得 ★☆☆☆

制作难度 ★★☆☆

实 用 度 ★★★☆

带宝贝外出散步时，许多狗爸妈会携带些许的饲料或小零食，因为有食物的引诱，可让不专心的狗狗稳定下来，而且食物是一种奖励工具，可诱导他们乖乖听指令。

饲料零食罐有保护食物不受潮、不散落的功能，狗狗的零食万一无法一次吃完，开启后必须妥善保存。试想，外出时，如果饲料零食罐可以轻便地挂在我们的腰际，或是上头有狗宝贝的专属照片，这样的罐子将是所有狗爸妈梦寐以求的！最棒的是方便随手拿取，不必打开背包、拿出饲料袋、倒出饲料、合上饲料袋、收回背包……省下这一大串的动作，更让狗狗清楚看见，你是掌握食物的老大。

“小皮球腰间罐”制作流程

小皮球与宝特瓶的连结、绳子与瓶身的连结，是制作成功的关键，请彻底做好这两件事。

1 找到一颗狗狗平时在玩的旧塑料球，稍微破点也没有关系。直径8～10 cm即可。

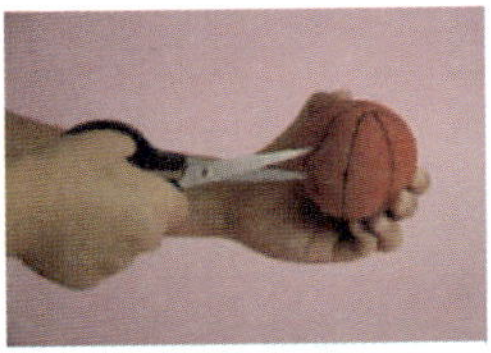

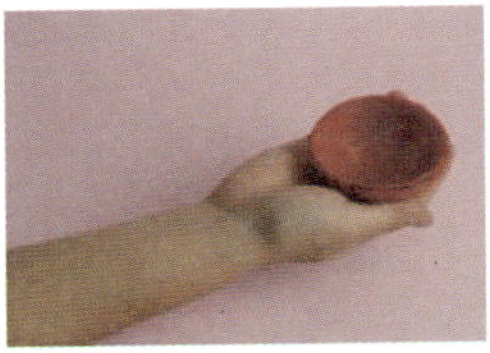

2 将塑料球从中对半剪开，用刀片割开也可以。

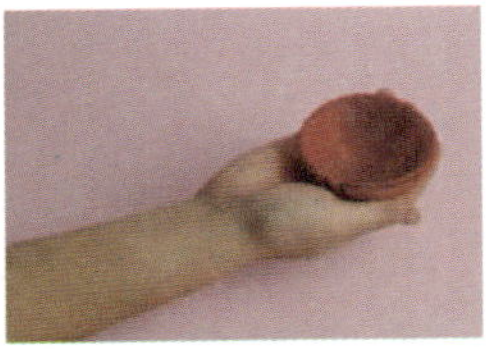

3 剖半的塑料球。

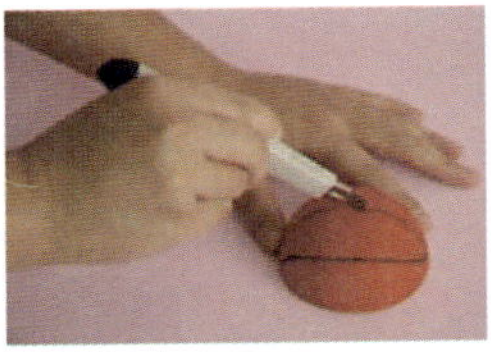

4 请在半球的顶端，用刀片割出十字的切口。

Tips!
请注意，十字切口的长度，为饲料直径的4～5倍。

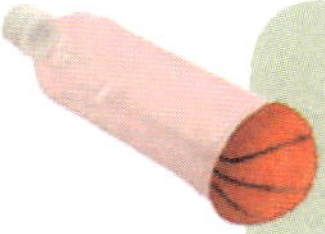

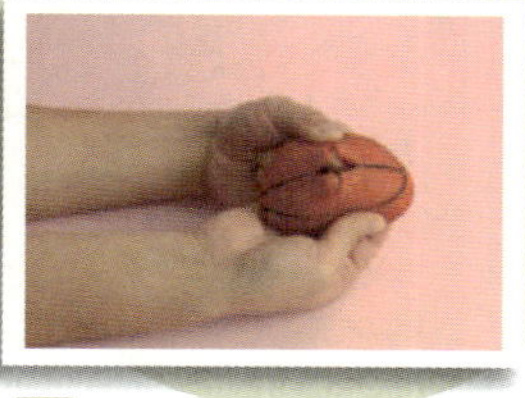

5 切好的十字切口。

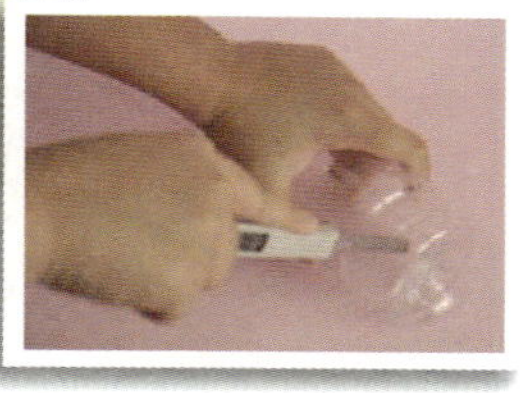

6 拿出600 mL的透明宝特瓶，并将瓶底1 cm处切掉。

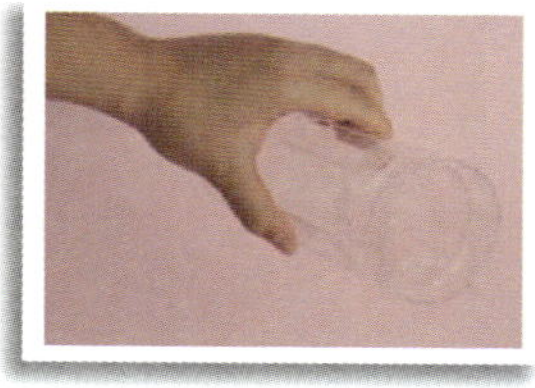

7 切掉瓶底的透明宝特瓶。

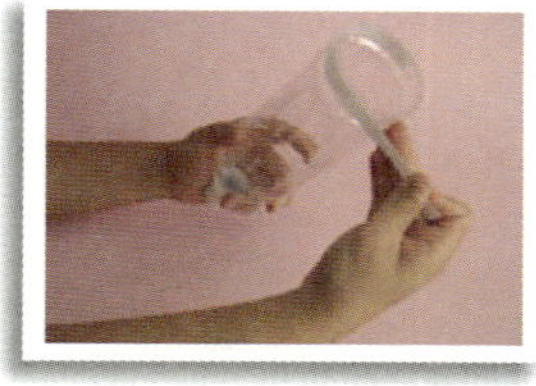

8 在透明宝特瓶切口的四周，粘上一圈透明双面胶带。

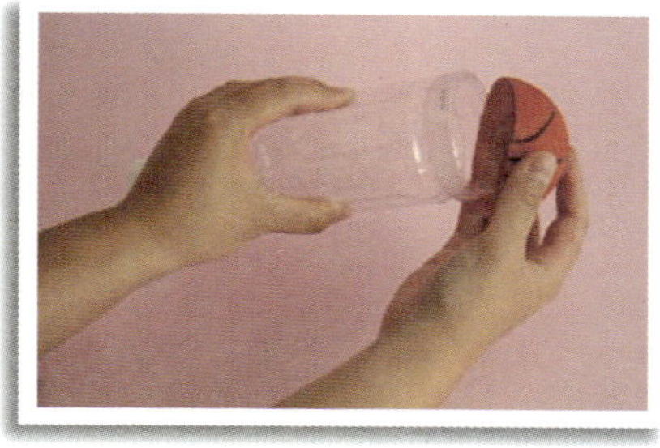

9 将双面胶带撕开。并将之前有十字切口的塑料半球，跟宝特瓶底切口粘在一起。

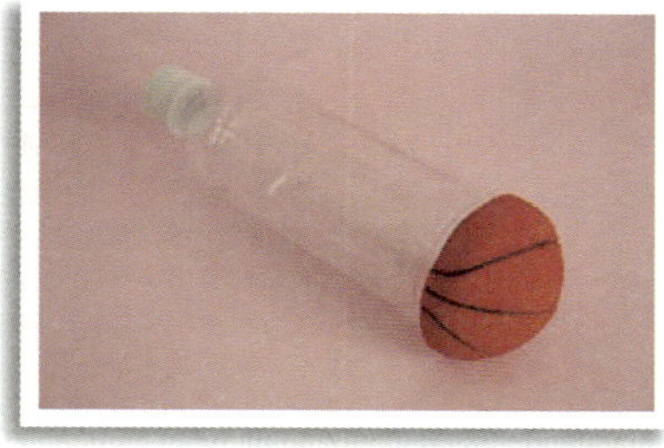

10 塑料半球，跟宝特瓶粘在一起的样子。

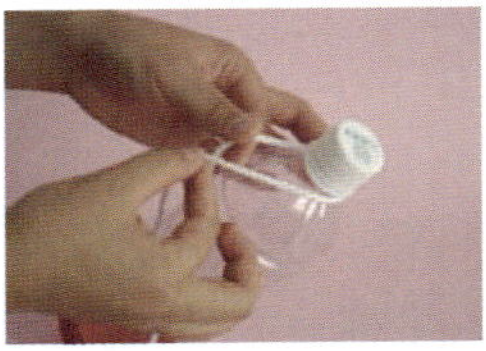

11 将细绳绕在宝特瓶的瓶口，并绑死结固定起来，可以用绳子提起瓶子。

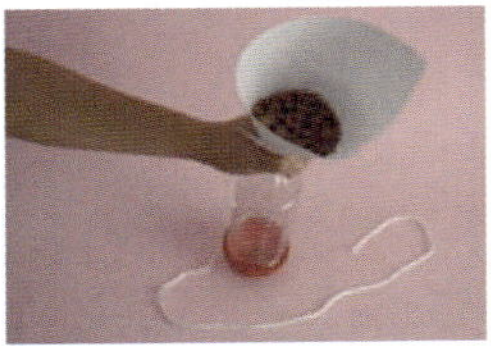

12 将饲料倒入瓶中，可利用塑料漏斗或纸卷的漏斗，帮助顺利将饲料倒进去。

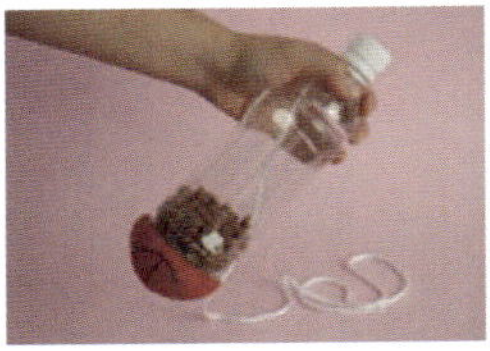

13 小皮球腰间罐顺利完成了。

Tips!
记得用拇指与食指伸入十字切口，试试看饲料取出的过程是否顺利，若得很用力，则表示十字切口的大小不够，需要拿刀片再稍微切开一点。

使用方法超简单

做好了方便使用的小皮球腰间罐，请狗爸妈快点带狗狗出外散步，试用亲手制作的这个饲料零食罐。

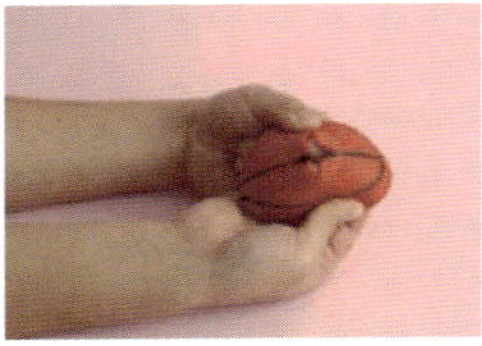

1 以细绳作为腰带，将腰间饲料罐挂在腰部右侧。

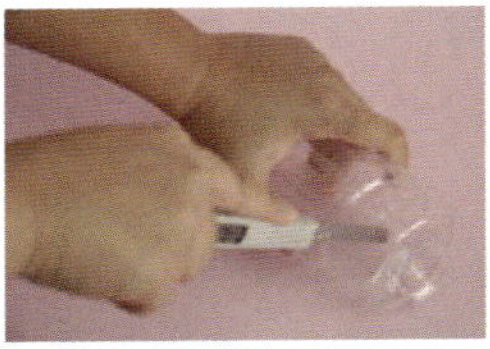

2 拿取饲料时，以左手托住饲料袋，右手从塑料球上的十字切口中，将饲料取出。

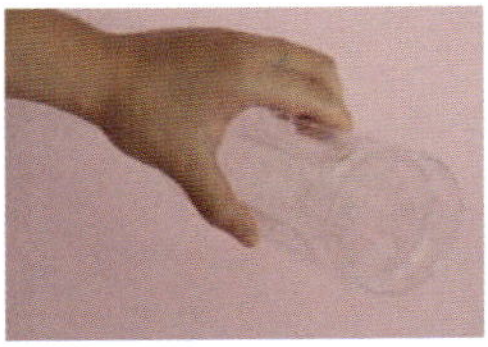

3 把饲料拿给狗狗吃，当作表现良好的奖励，狗狗会开心得不得了喔！

“拉链零食罐”制作流程

无法一次食用完毕的点心，要仔细收纳才不会受潮或散落。将宝特瓶搭配拉链简单加工，就是一个收纳便利的零食罐。使用热熔枪时请注意安全。

工具及材料

宝特瓶、卡典西德、可爱狗狗照片、剪刀、小刀、针、线、热熔枪、热熔胶、拉链

难易指数

材料取得	★★★☆
制作难度	★★☆☆
实 用 度	★★★☆

卡典西德

卡典西德（cutting sheet）又称为博士膜，是一种具有单面黏性的塑料薄膜，颜色与材质众多，常用于一般广告招牌上。近来透明的卡典西德被广泛使用于护贝、数字相机与手机的屏幕保护功能上，因此在坊间十分热门，一般文具行及美术社均有贩卖。

宝特瓶变身

1 首先，用小刀或剪刀将横躺的宝特瓶分割成两部分。宝特瓶的主要瓶身长度，需比准备的狗狗照片高度长。

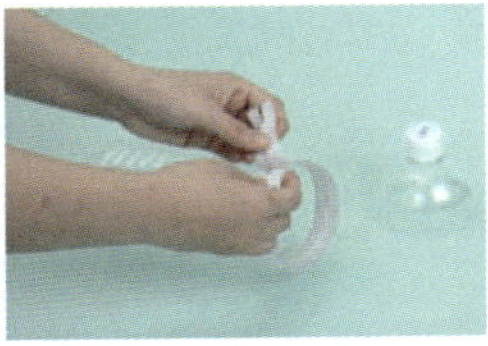

2 将预备好的拉链围绕宝特瓶的圆弧瓶身，测量宝特瓶的圆周长，并在拉链上做记号。购买拉链时最好挑选较长的，以免使用于较大宝特瓶时长度不足。

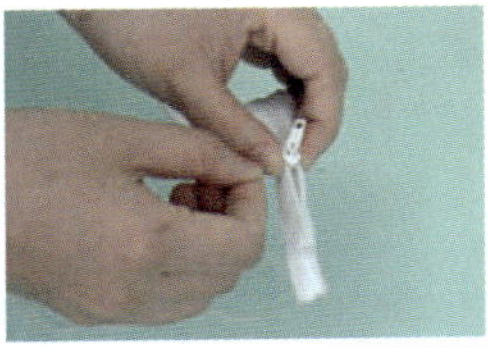

3 将链头拉到做记号的地方，并使用针线在其上方缝合拉链。缝合后，使用剪刀将多余的拉链剪掉。

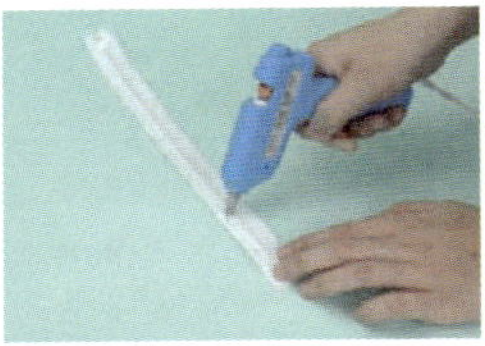

4 将拉链翻至背面，把热熔胶涂在拉链两侧的布面部位。

5 将拉链的一侧粘在宝特瓶的切口边缘，记得瓶口不要与拉链的开口线太贴近，以免阻挡拉链开关。热熔胶凝固的速度很快，因此涂抹与黏合的时间不可间隔太久。万一热熔胶提早凝固，可等它冷却再用手剥除，然后重新涂抹。

6 重复步骤5，将拉链的另一侧粘在瓶盖部分的切口处，即大功告成。

以照片美化瓶身

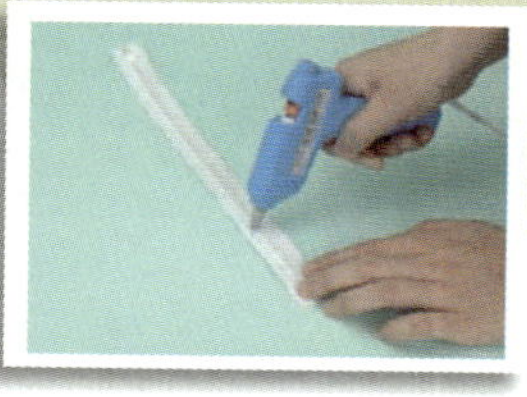

7 准备一张卡典西德，长宽皆需比准备的狗狗照片略长。

8 卡典西德具有黏性的一面朝上，将照片的正面朝下，对准卡典西德的正中央位置黏合。

9 照片与卡典西德黏合后，再将完成品粘在瓶身上，零食罐就完成啰！

10 将拉链拉开，可迅速将零食倒入。颗粒小的零食或干粮，可由原本的瓶口倒出。

制作简易多妙用

本篇介绍的两款零食罐，所耗费的制作时间很少，但用途却相当多元。使用时，狗爸妈拉开拉链，即可顺利拿取体积较大洁牙骨或狗饼干；或是旋开宝特瓶盖，取出小体积的零嘴；更可从弹性小皮球直接拿取，方便顺手又保鲜喔！

两周一件，送给狗狗爱的亲手礼

撰文／Alice Mao
摄影／王宏海

雨天也能享受散步乐趣

环保狗雨衣

潮湿的天气让狗狗闷在家里都快要长香菇了。看着狗宝贝不断望向窗外想出门散步，真想帮他添一件雨衣，让他从此不再被雨困住……。请出防水环保袋，让它变身成为狗雨衣，自己做，保证更加合身唷！

Idea for my dog!

利用防水材质的环保袋和魔鬼毡，帮狗狗做出一件可以保护身体、头部不被淋湿的雨衣。

August

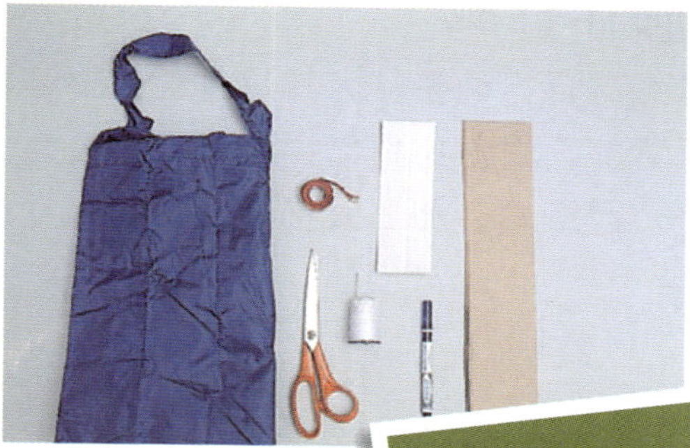

工具及材料

尼龙环保袋、纸板、魔鬼毡、奇异笔、卷尺、针、线、剪刀

难易指数

材料取得 ★☆☆☆
制作难度 ★★☆☆
实 用 度 ★★★★

在潮湿多雨的日子里，无法出门的狗狗，快乐彷佛也随之停摆。湿冷的天气或许令人懒得出门，却抑止不了狗狗想出去散步的心情。想到淋过雨后，狗狗身上会有不好的味道，一回到家里，得马上用干毛巾擦拭他的全身，以免被毛潮湿导致皮肤病或感冒，这么多的顾虑，让爸爸妈妈雨中牵狗漫步的闲情逸致都飞走了……

每个家庭都有环保袋，这回轮它派上用场了。请找出防水材质的尼龙环保袋，依照狗狗的体型剪裁，做出轻巧、防水又独一无二的狗雨衣，这样宝贝就不必在雨天里被禁足了。环保袋的花色多样，自行裁剪的雨衣又格外合身，如此可爱的装扮，一定会引来路人的赞叹。

“环保狗雨衣”制作样版

样版图请随着测量结果自行调整，尤其是身长的部分，一定要足以覆盖住整个背部，否则狗狗仍会淋湿，失去为他制作雨衣的意义。此外，因最后会加上固定带，请将尺寸加进去。

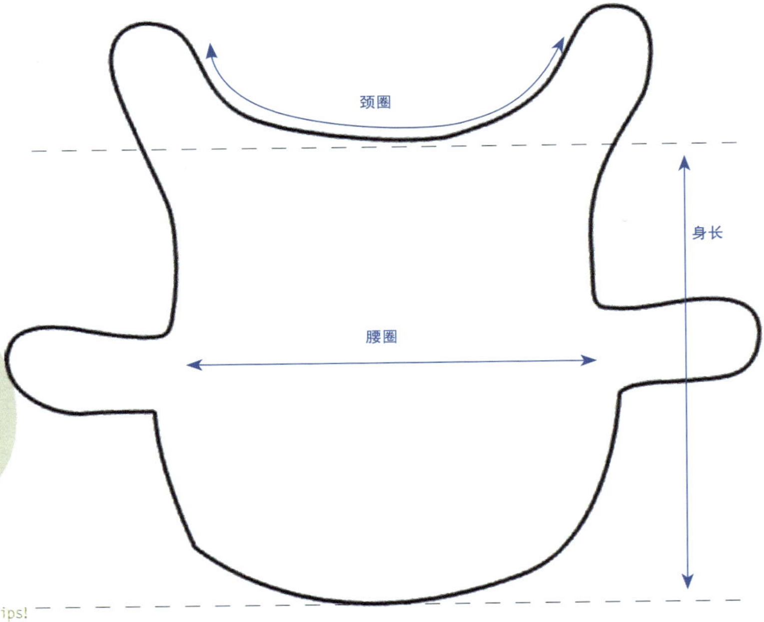

Tips!

除了正确测量颈围、腰围之外，请注意还要留出固定带的长度！脖子和肚子的固定带左右约长7 cm，建议可稍微留长一点，才能依着狗狗的胖瘦来小幅调整宽松度。

“环保狗雨衣”制作流程

狗狗的身体是立体的，所以画样版时，要将脖子这一圈画成有弧度。再者尼龙布容易须边，一定要记得将缝合面收在里侧。

1 先用卷尺仔细测量狗狗的身材。主要包括头围、颈围、腹围、身长（脖子到尾巴）、臀围等部分。

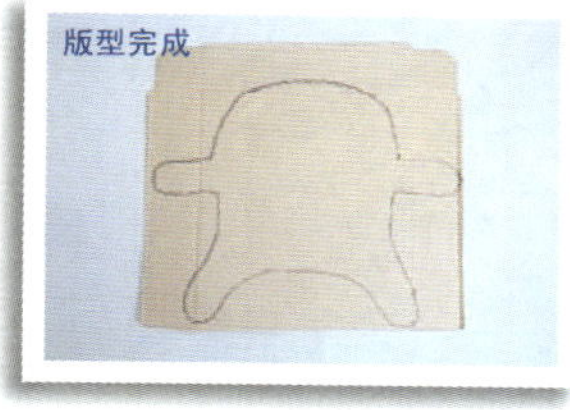

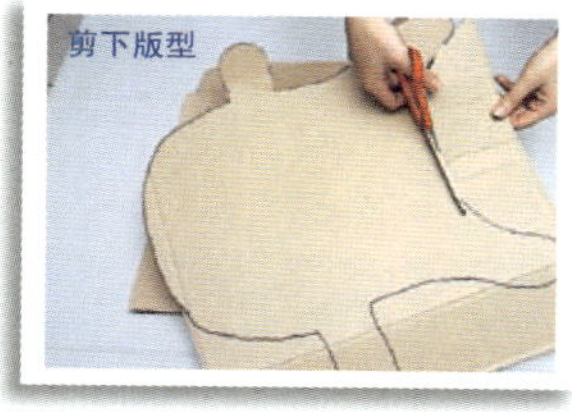

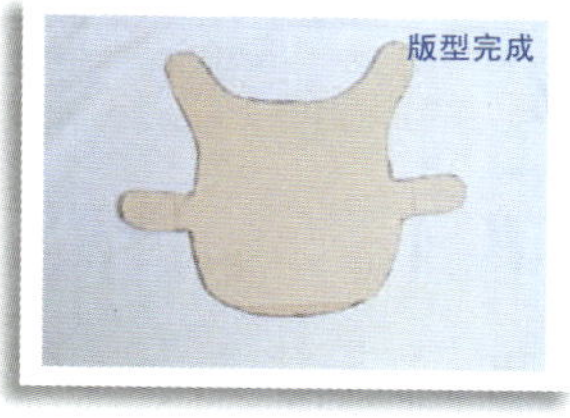

2 用奇异笔在大小适中的纸板上，画出雨衣的版型。画的时候，请把狗狗的身体实际长度都加上1～2 cm，在步骤5缝制时有多余的空间才方便。雨衣下摆的长度盖到前后腿的上肢就可以。画颈围时要有微微的弧度。画好后把版型剪下来。

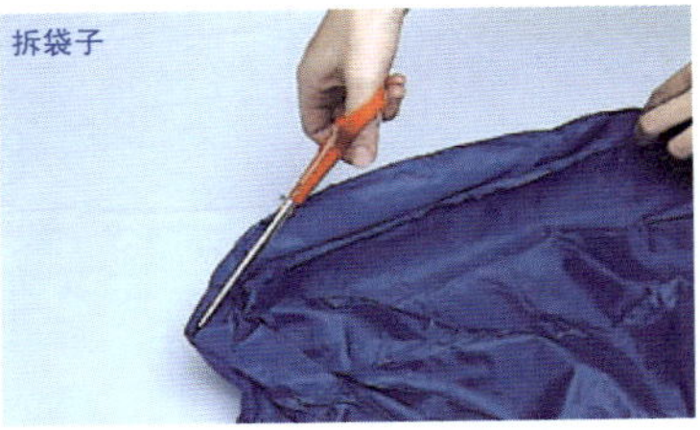

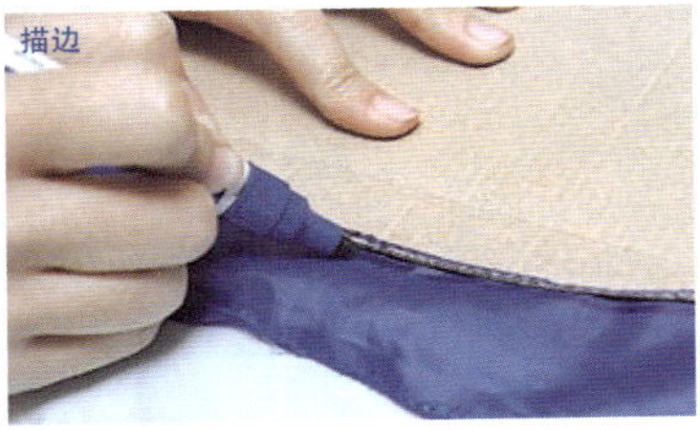

3 把环保袋依照原来的车缝线拆开，会成为长方形的布。尽量把布理平，然后把纸板压放上去，用奇异笔沿着纸板边缘把形状描上去，就可以描出完整美丽的狗狗雨衣版型了。

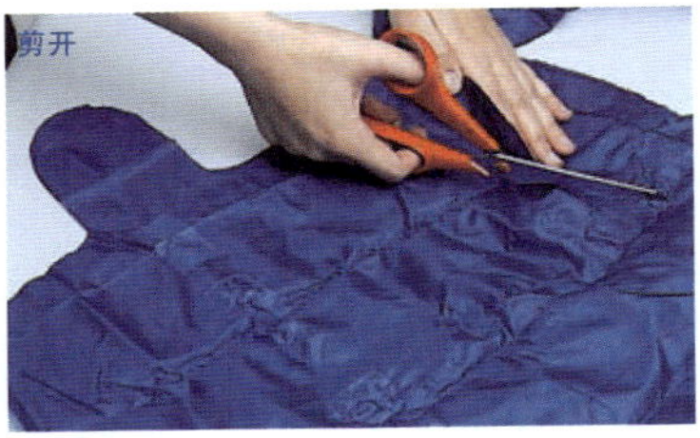

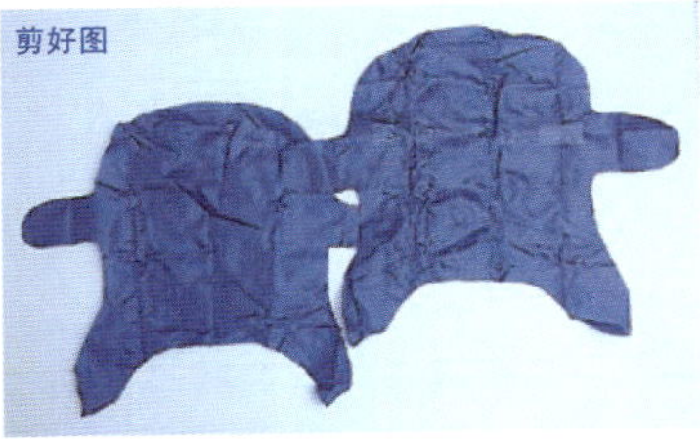

4 在剪开的环保袋上小心画出两个衣服的版型后，分别沿线剪下。

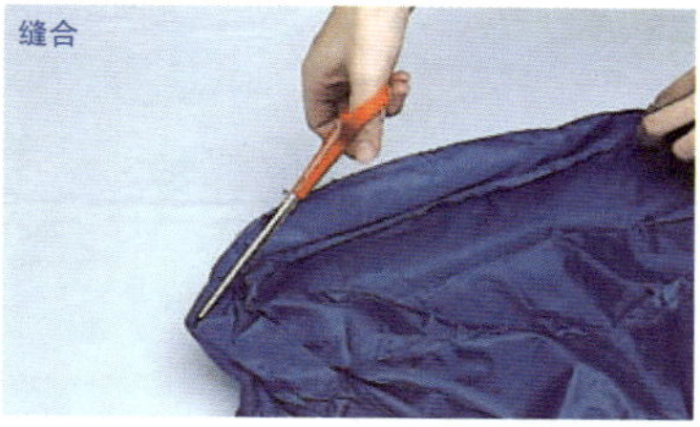

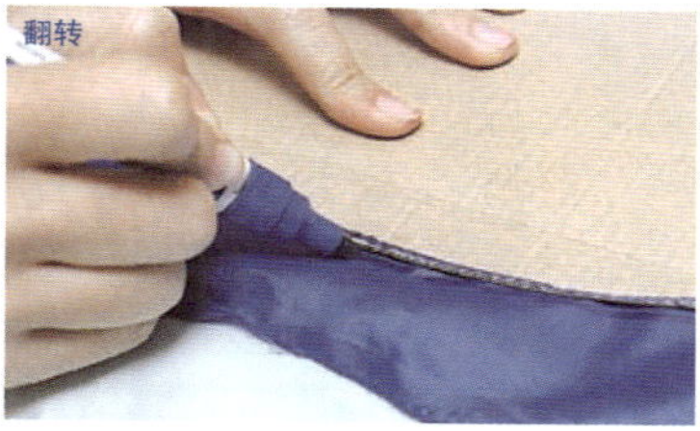

5 把两块剪好的雨衣版型对齐缝合。记得要缝在距离边边1 cm的位置，快缝好时记得预留一个洞，先把衣服翻面拉平，再把最后的地方缝合。尼龙布的边边容易抽须，最好把边边收在里侧，这样可以延长雨衣的使用寿命。

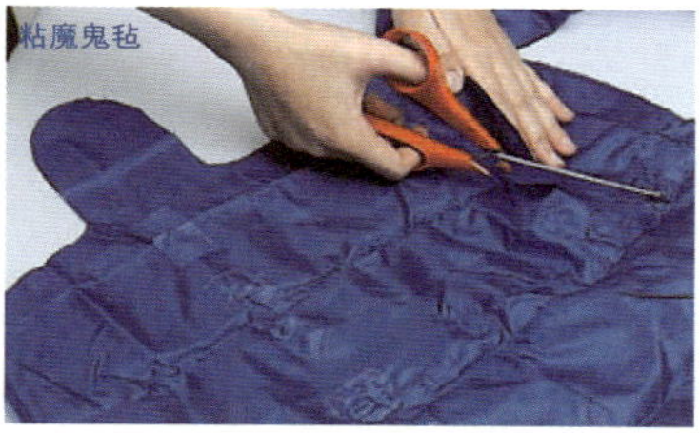

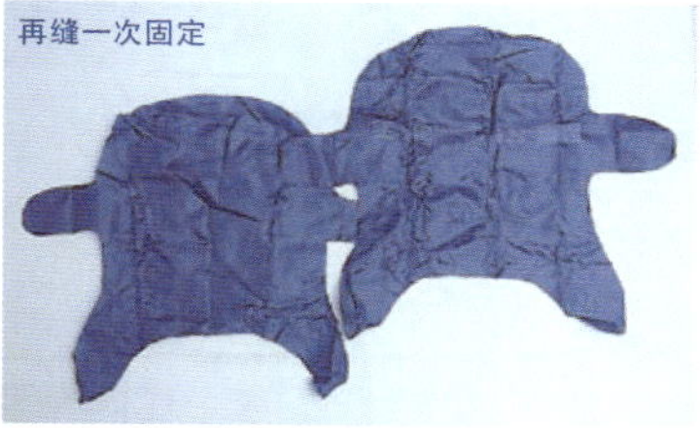

6 把魔鬼毡粘在固定带的尾端上下对齐贴牢。若是觉得它们还不够牢固的话，可以自己加工，用针线沿着边边再缝一次，就更稳当了。这样子身体的部分就完成了。

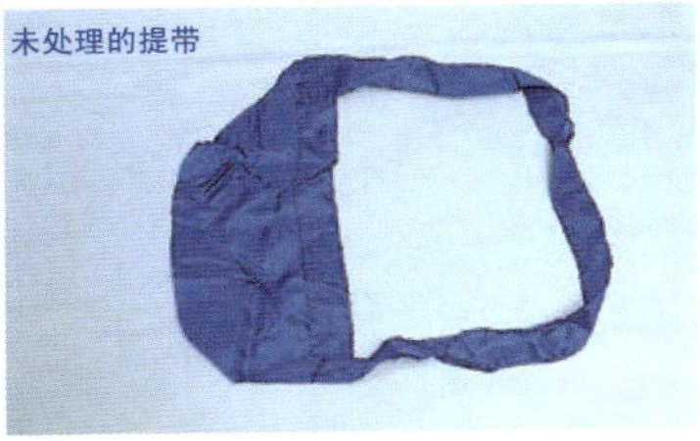

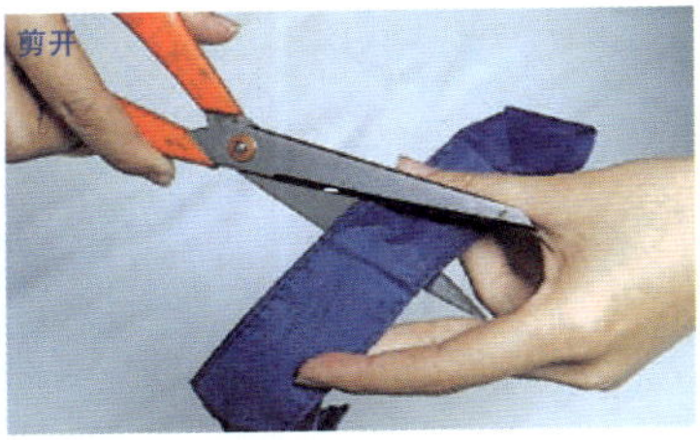

7 接着制作雨帽的部分，可以利用环保袋的提带进行改造。先将雨帽的版型边缘修剪整齐，再将提带的把手部分对折，从中线剪开。依照狗狗的头围，留下适当的长度作为固定带。

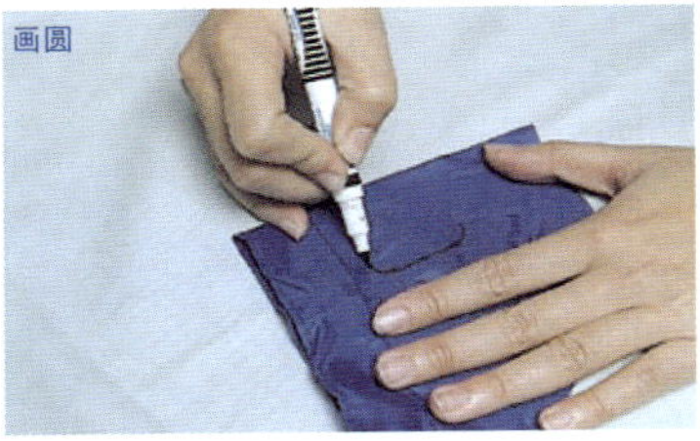

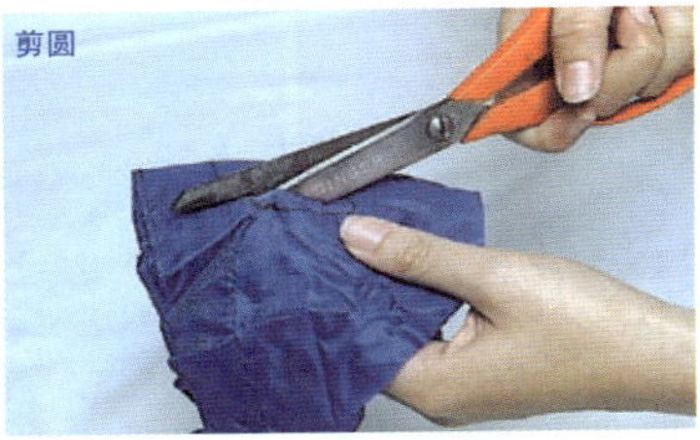

8 对照狗狗耳朵的位置，在帽子上画出左右对称的椭圆形，再用剪刀小心地剪出形状。

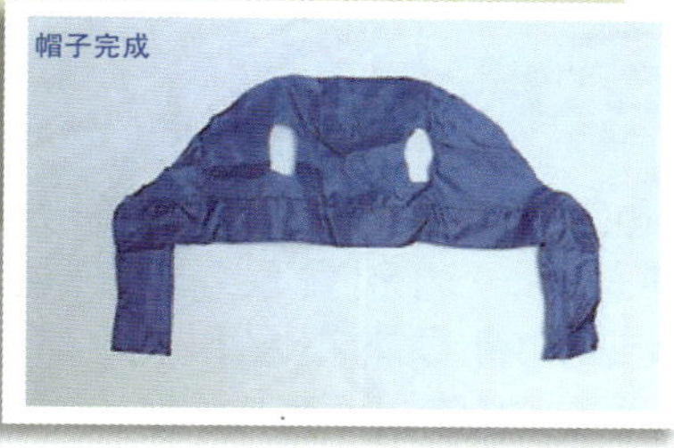

9 在固定带的尾端贴上魔鬼毡，帽子就完成了。

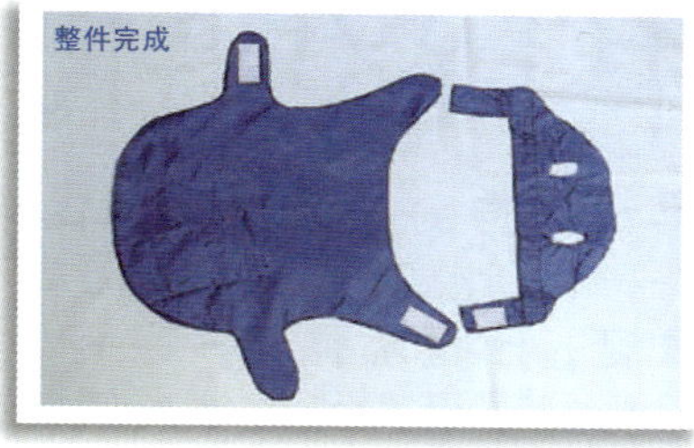

10 保护身体和头部的狗雨衣完成了。

颜色花样多重选择

为狗狗专属制作的雨衣包含了爸妈的爱心，在你的赞美之下，宝贝会很开心地穿上它，享受漫步雨中的惬意。如果能搜集不只一个环保袋，请为宝贝多做几件不同颜色的雨衣做替换，夜间外出时，尽量选择浅色的雨衣会更安全喔！

撰文／宁一玮
摄影／王宏海
感谢协力／“狗狗衣柜”阿点老师

率性狗男孩的威猛配件

和风银串项链

谁说狗狗的美丽饰品一定得来自东洋？日本的东西好是好，但价钱真不便宜，让很多狗爸妈一边欣赏着饰品一边垂涎。示范老师教大家简单的做法，有日本精品风格，材料费却很平实的银串项链，让你家男生狗帅气又率性。

Idea for my dog!

因为是照日本精品项链制作，所以基本材料均和日本风格类似。银串项链只有两大部分：特殊造型的链子、狗骨头坠子，这两样都可以在手工艺用品店找得到。尤其坠饰，可更换成狗爸妈欣赏的样式喔！

9 September

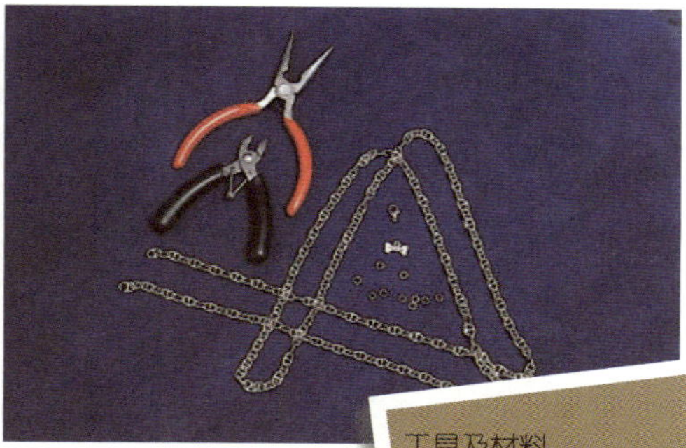

工具及材料

银炼条、狗骨头坠子、项链扣环、小银圈圈、镊子、金属剪

难易指数

材料取得	★☆☆☆
制作难度	★★☆☆
实用度	★★★☆

日本宠物银串项链，一条动辄上万元日币，造型和质量虽然两美，价格却令人望之兴叹。可是，这种帅气又率性的银串项链真的很适合狗男孩佩戴，于是许多爸妈兴起了念头："要是可以自己动手做，多好！"

雅虎奇摩"狗狗衣柜"的老板娘阿点老师说，制作日本风格的狗项链并无特殊的诀窍，重点在于做得"像"。挑选材料时就得正确，必须带有和风的感觉，要像日本杂志拍摄出来的味道，而不是像夜市在卖的银饰。再者，项链的尺寸要符合自家狗狗的需求，如果设计过短，看起来太紧之外，还有勒到狗狗的危险，万一过松，戴在狗狗身上很快就会遗失。唯有让创作出来的链子，成为帮狗宝贝量身定做的银串项链，这样才是完美的作品。

“和风银串项链”制作流程

关于银串项链，一般读者可变化的地方大概就是坠子的部分。示范老师阿点建议，当买不到理想的坠子时，可以朝家中不要的饰品去找，例如阿点老师就将自己不要的耳环坠子拆下来，刚好是狗骨头造型，就可以做成两条项链，这样既经济又美观，真是好点子。

正确测量尺寸的两种方法

1 当狗狗在身边时，可以直接拿银链条绕到他的脖子上，取一个长度出来。请不要绕得刚刚好，记得多留2根手指头可穿过的空隙，以免狗狗未来发胖，造成窒息的遗憾。

2 当狗狗不在身边时（好比你也想帮朋友的狗狗做一条项链），除了请对方告知精确的颈围长度之外，记得要多留2 cm下来。理由和步骤1一样，多留总比短少好。

项链制作一部曲

1 根据量好的长度，将链条材料剪下来。

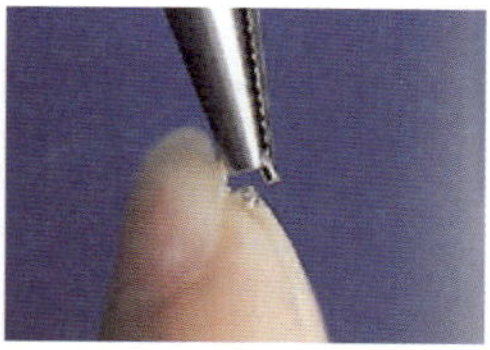

2 将材料里的“小银圈圈”拿起，用镊子和手合力将其掰开一个可穿过项链的角度。

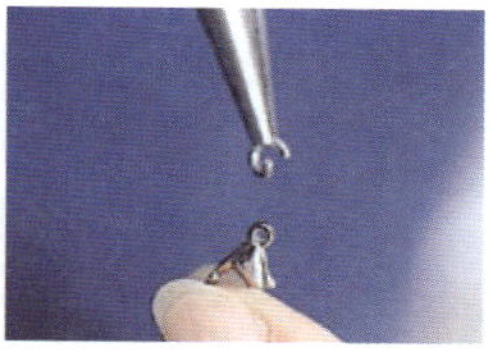

3 将掰开空隙的小银圈圈套到项链扣环的圈圈上。

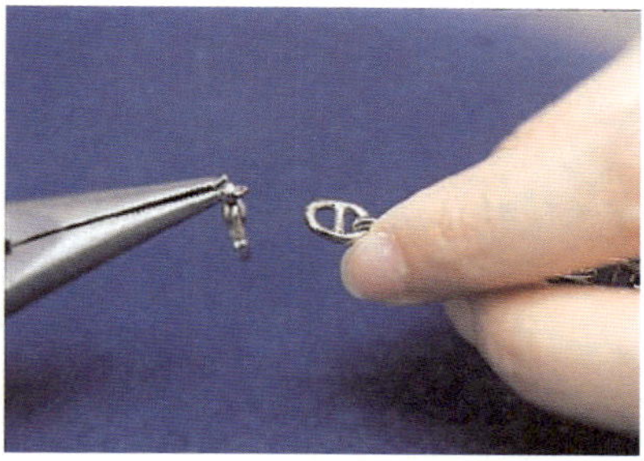

4 套进项链扣环的小银圈圈保持打开的空隙，继续再套住项链的某一端。

5 套好之后，便可以将小银圈圈的空隙用镊子密合住。此时利用项链扣环，把项链的两端连起来。

项链制作二部曲

6 将连好两端的项链拉直，其中一端是项链扣环端，找出安装坠子的另一端。

7 请再次用镊子掰开小银圈圈，并将其套入安装坠子那一端的位置。

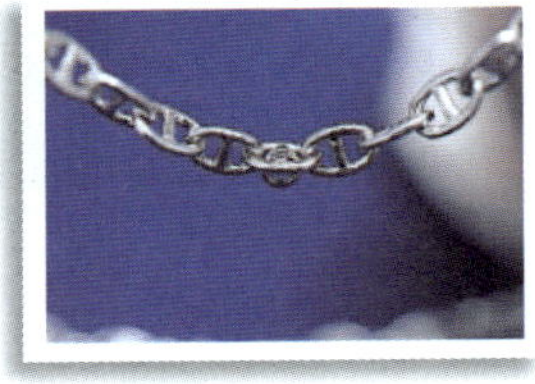

8 套入完成之后，请将小银圈圈密合。

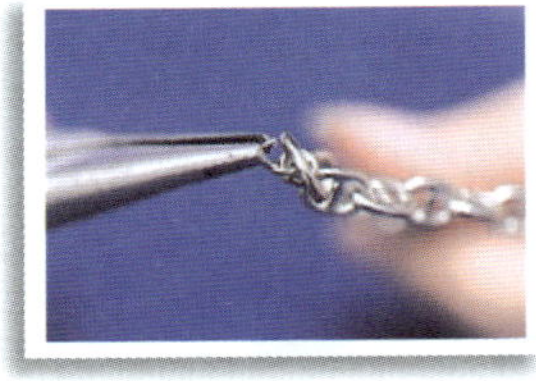

9 请再掰开另一个小银圈圈，这一次将它套入刚才密合好的小银圈圈。但是此小银圈圈先不要密合。

Tips!
此动作目的是为了让坠子可以与项链平行。

10 最后，将坠子套入钢材尚未密合的小银圈圈，然后才将小银圈圈密合。

超级卡哇伊的新年装饰

你看，就是这么简单，日本精品杂志上的狗狗项链已经出现在我们面前了！赶快将材料备齐，你也可以同款式制作两条，这样，你和狗宝贝也可以有情侣项链呢！

撰文／宁一玮
摄影／王宏海
感谢协力／雅虎奇摩“狗狗衣柜”阿点老师

September

男生狗女生狗都适用

夏威夷三色串珠项链

串珠透露出来的可爱和亮丽，最能彰显狗狗备受爸妈宠爱的特质。缤纷的串珠可自由变化色彩，男生狗女生狗都能找到自己的STYLE。

Idea for my dog!

串珠项链材料有四个部分，三色不规则形状小珠珠，强力钓鱼线，项链扣环，特殊造型坠子，这些基本材料都可以在手工艺用品店找得到。选购时，可自行更换喜欢的彩色珠珠，中间还可穿插金属材质的小银碎花，让项链看起来更富变化。

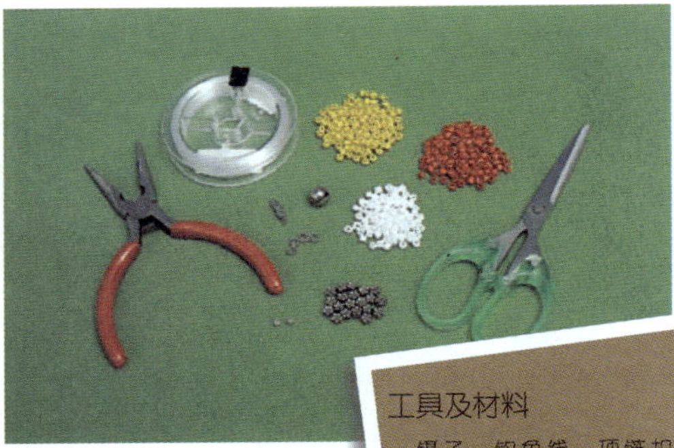

工具及材料

镊子、钓鱼线、项链扣环、藏线珠、小银圈圈、三色珠珠、小银碎花、坠子、剪刀

难易指数

材料取得 ★☆☆☆
制作难度 ★★☆☆
实 用 度 ★★★☆

戴着美丽项链的狗狗，传达出来的信息不仅造型可爱，也透露出狗爸妈支持他幸福生活的爱意。为了心爱狗狗，愿意付出时间制作出独一无二的精美饰品，这不只是基于对宠物的疼爱，更是视狗狗如己，甚至是超越了自己的实际表现。

夏威夷风，总予人热情浪漫又欢乐的印象，这和狗狗的性格特质是很符合的。如果在狗宝贝的颈子上，戴一条鲜艳活泼的夏威夷风串珠项链，旁人见到肯定要赞叹“卡哇伊”呢！示范老师阿点说，串珠项链的制作手工精巧，成品好看又好戴，而且男生狗、女生狗都适用。选购彩珠时，还可以自行设计花色、排列组合，是一项充满创意和想象空间的DIY手工艺，保证宝贝戴上以后会更加亮眼。

“夏威夷三色串珠项链”制作流程

串珠项链的制作重点在于花色设计。珠珠颜色如何搭配、要排多少颗再换色，在动手制作之前须先想清楚。另外，串珠项链还需要耐心、细心的功夫。收尾的地方该怎样处理才不会露出打结的绳头，都是你可以进步加分的地方。

正确测量尺寸的两种方法

1 当狗狗在身边时，可以直接拿银链条绕到他的脖子上，取一个长度出来。请不要绕得刚刚好，记得多留2根手指头可穿过的空隙，以免狗狗未来发胖，造成窒息的遗憾。

2 当狗狗不在身边时（好比你也想帮朋友的狗狗做一条项链），除了请对方告知精确的颈围长度之外，记得要多留2 cm下来。理由和步骤1一样，多留总比短少好。

项链制作一部曲

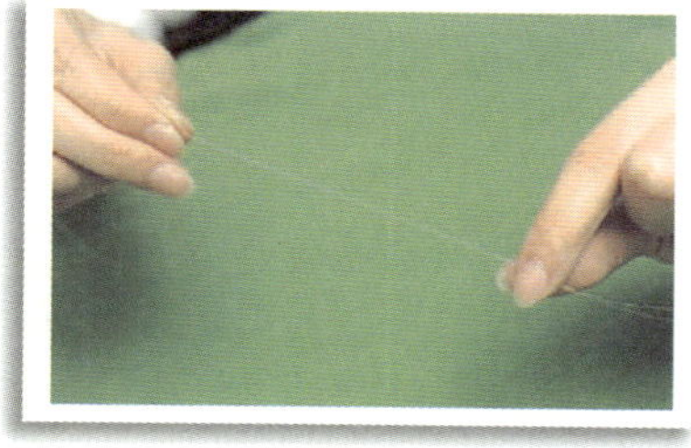

1 据狗狗颈围量好的长度，将两倍长度的钓鱼线剪下来。

2 将材料里的“项链扣环”拿起，以钓鱼线穿过其中一端的圆圈当中。

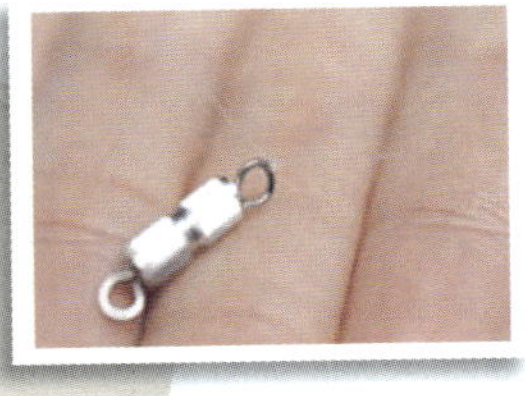

3 将钓鱼线打结。

4 此时，拿出一颗藏线珠，把钓鱼线穿过珠珠，便可以将上一个步骤当中的绳结隐藏起来。

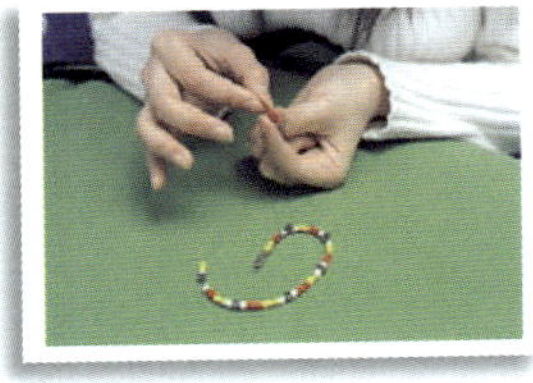

5 开始将红黄白三色珠珠及小银碎花，分别套入钓鱼线。

Tips!
套入顺序分别为3黄→3红→1白→1碎花→1白→3黄→3红→1白→1碎花………

项链制作二部曲

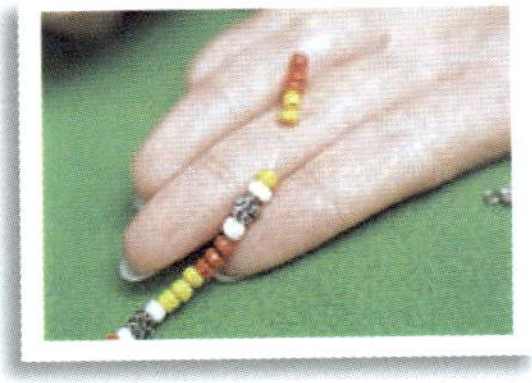

6 到了尾端部分时，将钓鱼线分出一条出来，再穿上一颗藏线珠。

7 将套入藏线珠的钓鱼线，固定到项链扣环另一边，先不要绑死，且预留约2mm空位，此时项链主体已经完成。

8 找到与项链扣环对称的位置，准备装上项链坠子。

9 请掰开一个小银圈圈，套入坠子的扣环当中，但是此小银圈圈先不要密合。

Tips!

此动作目的是为了让坠子可以与项链平行。

10 最后，将小银圈圈套上欲装置项链坠子的位置，然后再将银圈密合。

项链制作三部曲

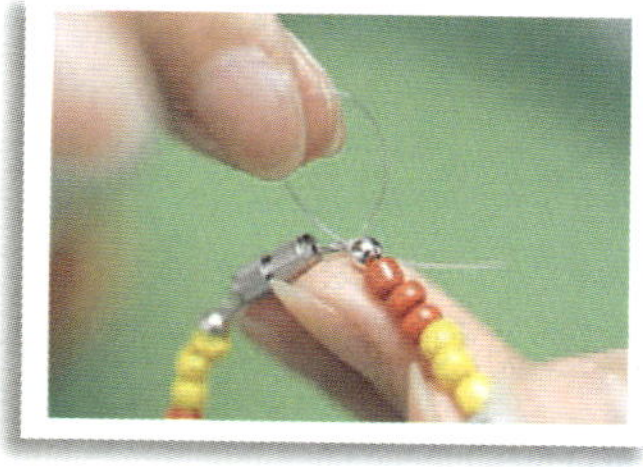

11 此时再将项链扣环尚未绑死结的那一端，拉紧并打上死结。

12 将多余的钓鱼线倒穿回去，随即完成漂亮的夏威夷三色串珠项链。

别具风格的美丽饰品

耐心、细心处理钓鱼线和细小珠子的过程，让我们对这条串珠项链充满了期许，这条得来不易的美丽项链，是你给宝贝的最佳礼物。亲手为他戴上时，请记得衷心赞美，他会感到喜悦的！

撰文／孙依雯
摄影／陈彦豪

让狗狗轻松用餐

简易狗碗架

每到狗狗用餐时间，看到狗狗低头进食的模样，看起来总觉得似乎缺少了些舒适感。本期为狗爸妈示范的简易DIY狗狗碗架，可是以提升狗狗用餐舒适度而量身打造的喔！如此一来狗狗更能轻松无负担地享受每一餐哟！

Idea for my dog!

作为桌面的巧拼地板因为是软材质，加上裁切成圆形，不会让狗狗碰撞到尖角而受伤。三个桌脚还可以选择不与桌面粘在一起，这样方便随时决定拆开收纳，不占空间。

September

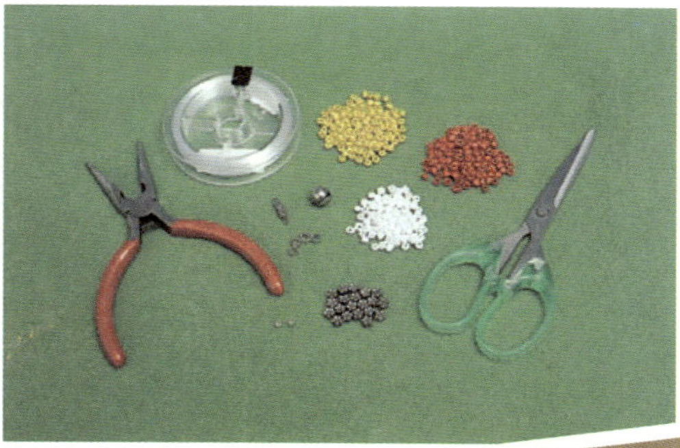

工具及材料

铁罐3个、巧拼地板1片、泡棉双面胶带、剪刀、卷尺、美工刀、圆规、包装纸

难易指数

材料取得	★★☆☆
制作难度	★★☆☆
实 用 度	★★★☆

狗狗和人一样，应该以舒适的姿势饮食。食物和水放得太低，狗狗必须弯曲身子、拉长脖子吃饭喝水，长期以来会对颈部造成负担。尤其是上了年纪的狗狗，若是有颈部骨刺问题，弯下身进食会造成身体的不适。

制作简易狗碗架的目的，就是提升狗狗进食的舒适度，目的在于让狗狗不必特别低头去吃东西，缩短其头部与食物的距离和角度，不但可减轻颈部负担，还可避免蚂蚁跑进碗里。对长耳狗而言，碗旁的桌面更可帮助他们避免弄脏耳朵，因此使用狗碗架可说是好处多多。我们就来学习如何使用简单材料，轻松制作实用的狗碗架吧！

“简易狗碗架”制作流程

原理是将狗碗架高。设法让碗可以被平稳地撑住，同时方便拿取，这样就是理想的狗狗碗架了。作为支撑高度的铁罐，可视狗狗的身材，选择不同规格的罐子；未开启的罐子有重量，会比空罐来得理想。

桌面设计

1 首先要做桌面。先在一块巧拼地板上画出一个直径27.5 cm左右的大圆。

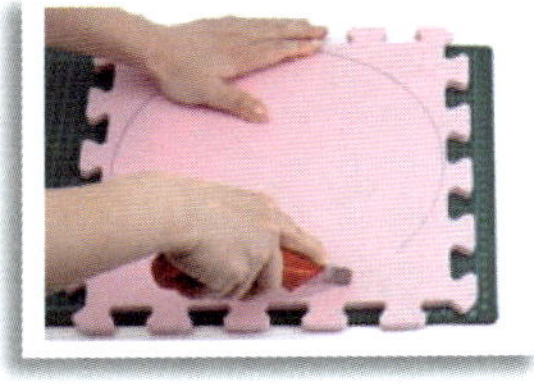

2 沿着圆裁切下来。

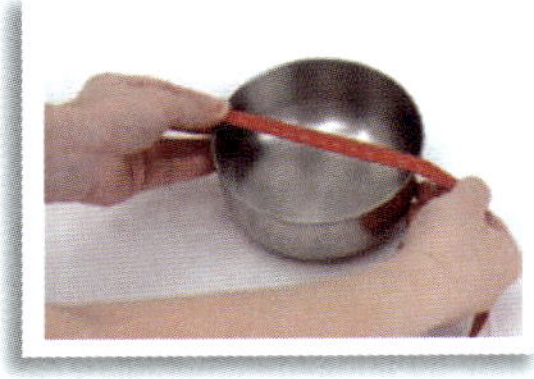

3 拿出平时狗狗用的碗，量量看碗口的宽度。

Tips!
制作桌面时，万一圆规不够大，不妨拿家里的锅盖或桶子当模板，沿着边缘画圆。桌面的大小，可依据家中狗狗的体型，自行斟酌要画更大或更小。

4 狗碗直径12.5 cm的话，就在刚裁好的圆形桌面中央用圆规画一个12 cm的内圆。

Tips!
这个内圆是要挖空后，用来放置狗碗的，所以内圆直径至少必须比狗碗小0.5 cm以上，届时碗才不会掉下去。

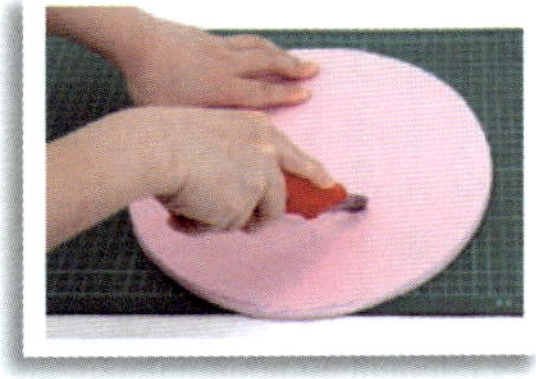

5 将刚刚丈量好的圆裁切下来。

6 将碗放上去，检查看看是否可以固定。

桌脚设计

7 接下来处理三个桌脚。在三个铁罐外面包上包装纸，增加美观度。

Tips!

请依狗狗体型选择铁罐的高度。文中采用的是在超市购买的17 cm铁罐，适合中小型犬。可依据狗狗的身高使用合适高度的铁罐。如果家里是玩赏犬，用一般的易拉罐就可以了。此外，三个铁罐建议是未开罐过的，有重量的铁罐比较稳固。

8 在罐子上贴上泡棉胶带，用来固定桌面。

9 将桌面放置到排成三角形的桌脚上，就大功告成了！

快乐时光本该无负担

本篇重点在于以狗狗的身高为基准，制作一个能让他轻松进食的碗架。也可针对基本做法加以变化，例如将桌面设计成长方形并挖两个洞，这样就能同时放水碗和食碗。为爱犬布置一个专属于他的餐桌，让他无负担地享受每一餐吧！

两周一件，送给狗狗爱的亲手礼

撰文／宁一玮
摄影／李文钦、陈彦豪

狗衣收纳免烦恼

狗狗专用衣架

每年冬季来临，气候转寒，是狗衣服需求量的巅峰期。面对狗狗越来越多的衣服，许多爸妈有整理收纳的困扰。如果狗衣裳也能像我们的衣服一样，有衣架可以一件件挂起来，好看的狗衣可以随时被看见，想穿就穿，换装更方便喔！

Idea for my dog!

狗狗衣服的尺寸会比人类的衣服小很多，版型也完全不同。我们必须根据狗狗目前在穿的衣服，来修正衣架的形状。衣架的内部是铁丝材质，处理时请注意安全，每个铁丝剪开处都应缠上胶布作为保护。

10 October

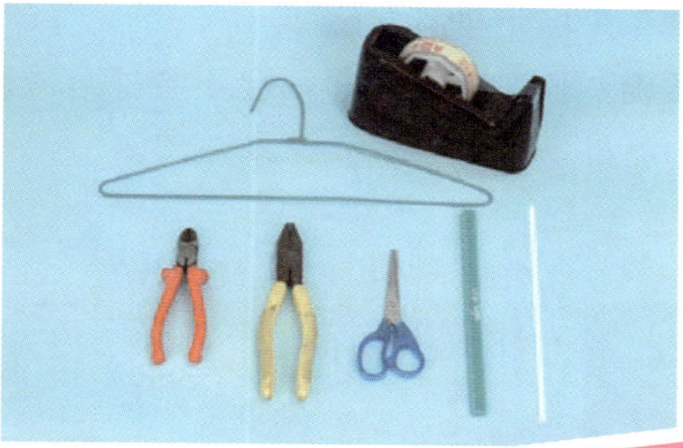

工具及材料

金属烤漆皮衣架1个、老虎钳、斜口钳尺、胶带、漆皮软铁丝

难易指数

材料取得	★★☆☆
制作难度	★★☆☆
实 用 度	★★★★

整年下来，帮狗宝贝买的衣服其实不算少，可是很容易因为乱放，或是洗干净之后被塞进抽屉深处，等到需要帮狗狗保暖，想找衣服替他穿上时，衣服好像总是少了那么一件。

本篇要介绍的DIY很容易，那就是“狗狗专用衣架”的制作方法。制作衣架的目的，是让爸妈有个方便收纳狗衣服的方法，从此不再乱丢；同时，将一般家庭使用的衣架改装成狗狗专用的尺寸，不但省事，还可以一个衣架挂两件狗衣，超省空间。运用便宜的材料，花5分钟时间改装，这回送给狗宝贝的亲手礼，在收纳方面真是帮上大忙唷！

“狗狗专用衣架”制作流程

衣架的宽度是否正确，攸关挂上衣服后会不会掉落或硬扯变形，所以在最初的测量上，务必确实记录数值。

以衣服测量衣架尺寸

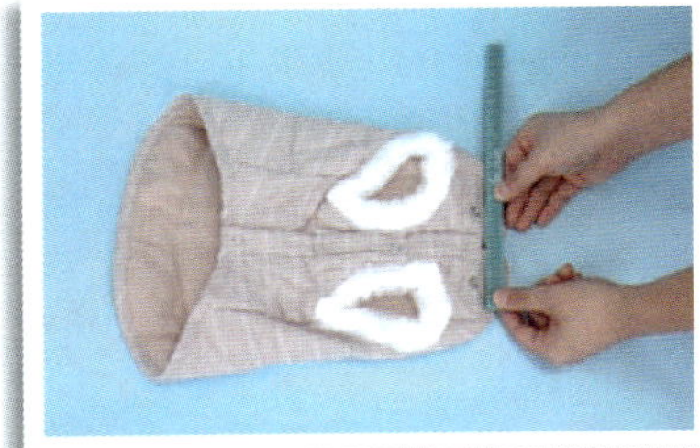

1 将狗狗衣服摊平，量颈部开口的直径距离。

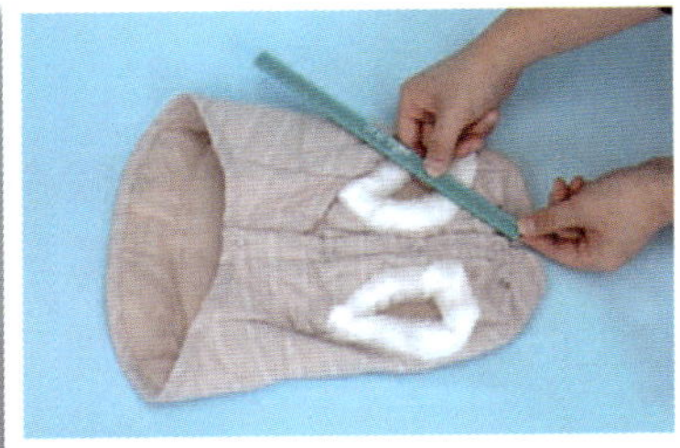

2 再量狗狗颈部开口到前脚中心处的距离。

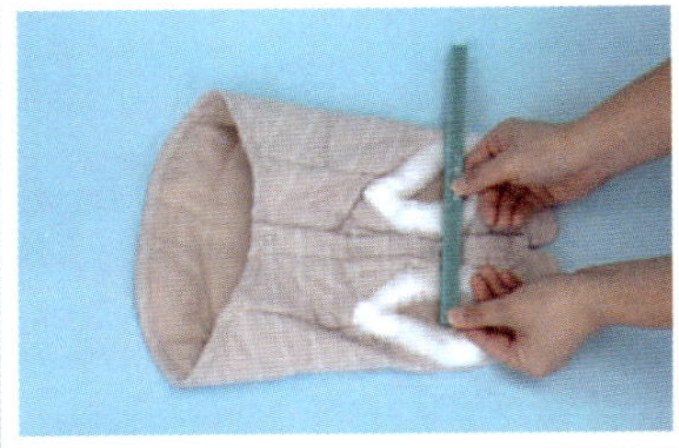

3 再量狗狗两只前脚出口的中心点之间的距离。

衣架变身

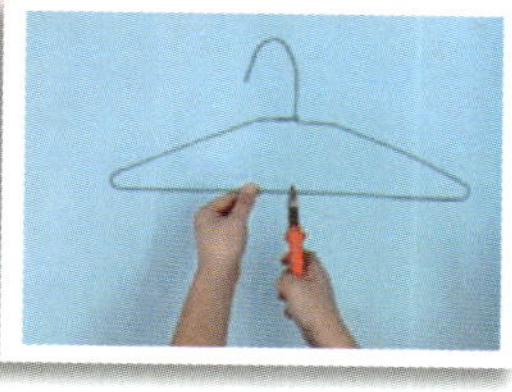

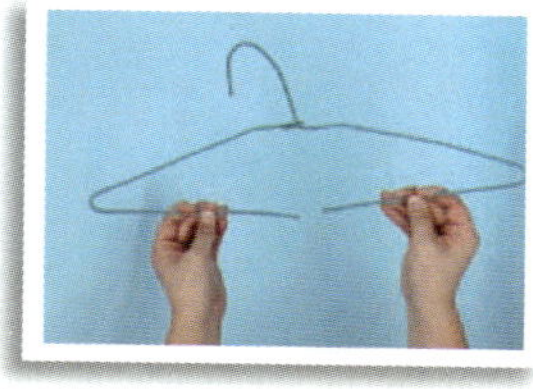

4 先将衣架的下底边找出中心点，利用斜口钳剪开，注意要让左右均等。

5 从前一步骤剪开处，将衣架底部往下拉成直行的状态。

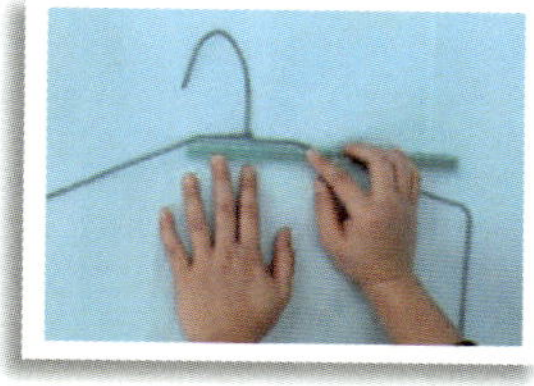

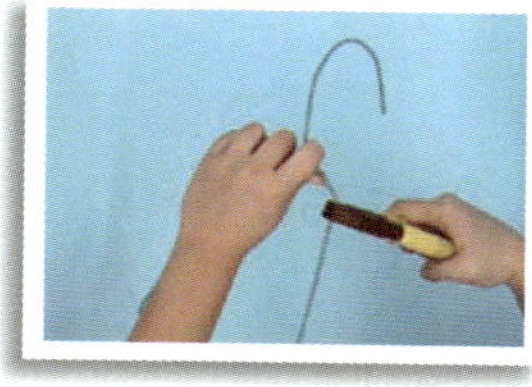

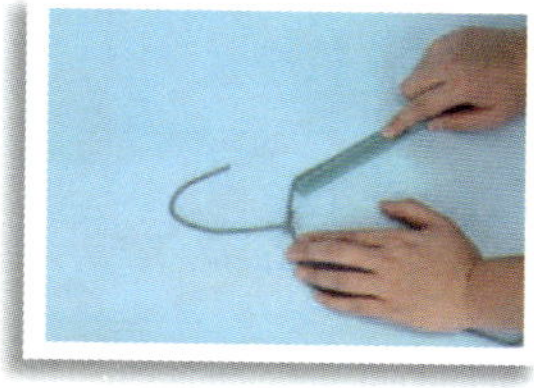

6 确认先前颈部开口的直径距离，与衣架的上端距离吻合。如不够请用老虎钳凹折衣架斜肩处。

7 接下来，保留颈部开口到前脚中心处的距离。

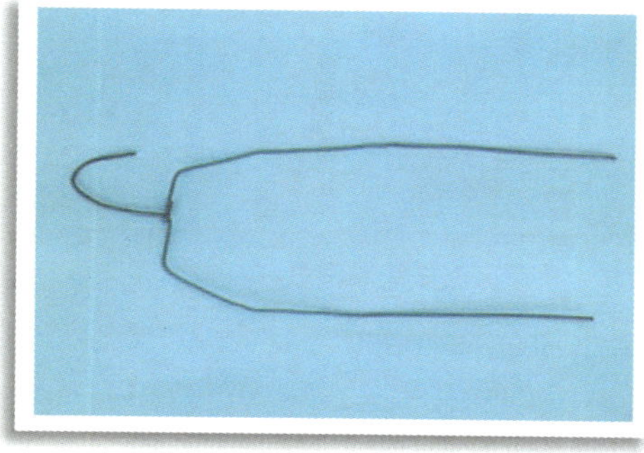

8 最后让剩下的两条骨架，以两只前脚出口中心点之间的距离，呈平行状态。

尾部修饰

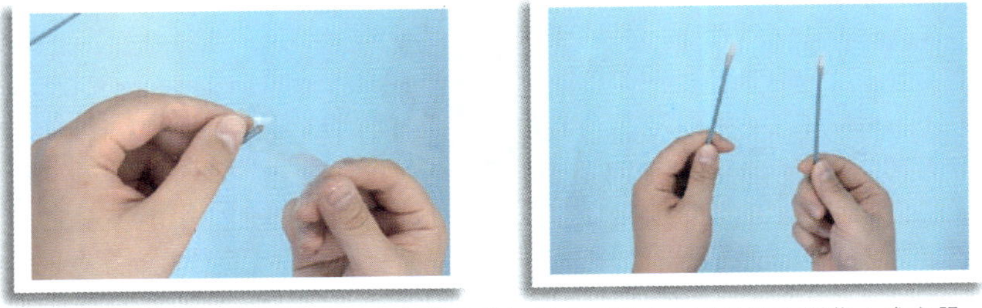

9 两支平行的骨架，因为老虎钳截断的切割口可能会太过尖锐而刮伤人或衣服，因此我们在两个切口都缠上胶带。

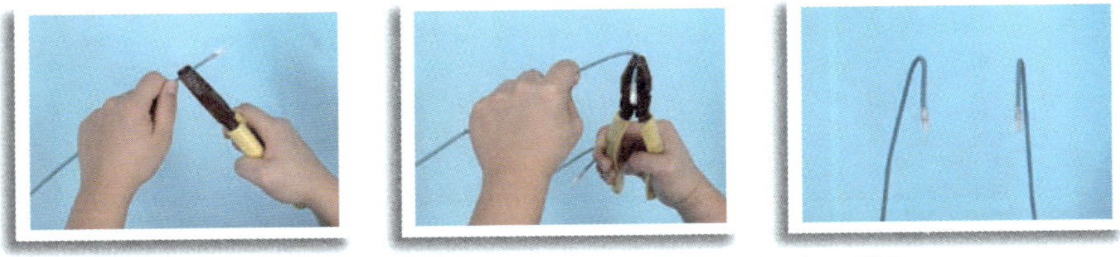

10 缠上胶带之后，请从截断口往上3 cm处，往上凹折，如图所示。

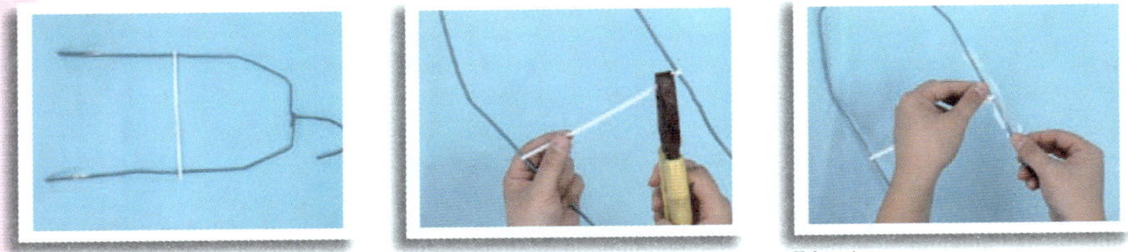

11 在两支平行骨架中间处，用漆皮软铁丝固定住，让两支骨架可以保持平行不乱跑动。

Tips!
若软铁丝无法缠紧，可在软铁丝与骨架的接合处，分别用胶带贴上加强固定。

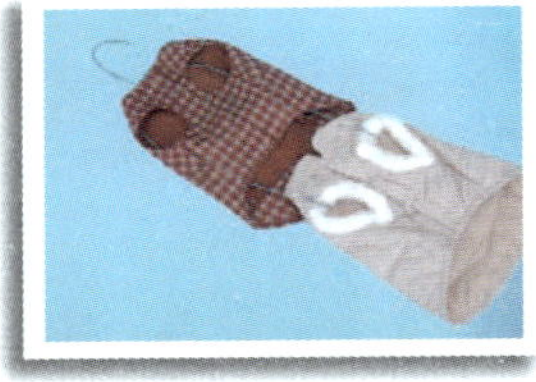

12 将第一件衣服放置到衣架上，第二件衣服可用两个支架的勾子，从衣服前脚出口处勾住衣服。即完成可同时挂两件衣服的狗狗衣架啰！

狗衣架制作超简单

你看，就是这么简单。几乎不必另外采买材料与工具，仅用家中随手可得的衣架、老虎钳、尺与胶带，经过5分钟的变身改造，就让狗狗的衣服不再居无定所。帮宝贝买了好衣服，也要好好收拾珍藏喔！

撰文／洪若薇
摄影／王宏海

超级省钱·超级好用

菜篮车变身狗推车

看别人用狗推车带着宝贝快意散步，许多狗爸妈心生羡慕，也想让自家宝贝享受乘着推车的超级快感。聪明的爸妈有心就做得到——常见的菜篮车价格公道，只要稍微改造，就能升级成为宝贝的专属推车。

Idea for my dog!

有了狗狗推车，散步时狗狗想走就走，想坐在推车里休息就休息，让带狗出门不再是一件麻烦事。而专为你家狗狗高度而设计的贴心观景窗，也绝不剥夺狗狗好奇探索这世界的权利喔！

10 October

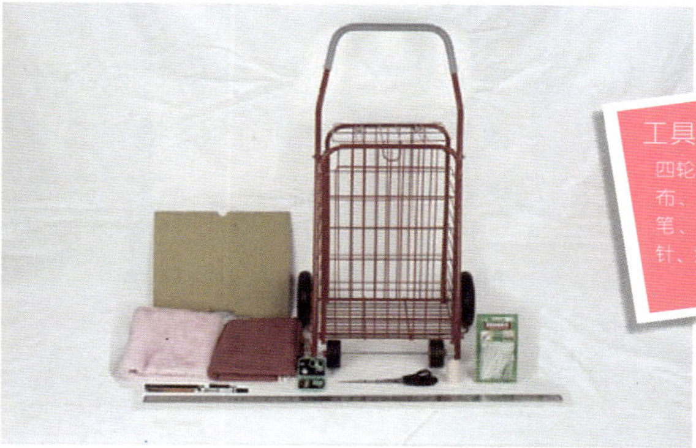

工具及材料

四轮菜篮车、尼龙扎线带、牛仔布、铺底毛布、瓦楞纸板、蜡笔、美工刀、锥子、奇异笔、针、线、剪刀、尺

难易指数

材料取得 ★★☆☆
制作难度 ★★★☆
实 用 度 ★★★★

吉娃娃、玛尔济斯、约克夏等小型狗，总是受尽狗爸妈的宠爱，不论去到哪都是被狗爸妈抱在怀里，到了散步的时候，总是没走几步路就累得气喘嘘嘘，只想窝在狗爸妈怀里休息。而年纪大的狗狗不适合过度运动，有时简单的散步都可能成为他们体力的负担，最后只能由爸妈抱着四处走走散心。

但是，狗狗一直抱在手上实在累人啊！这个时候，只要有一台狗狗专用的狗推车，让狗爸妈可以用推车带着狗狗出去玩，不管玩多久、走多远，狗狗都不会过度疲累。而且狗爸妈也不必担心忽然下雨、阳光太强，或是紧张路上车子太多吓到狗狗喔！

到底有多省?

一辆狗推车动辄就要3 000多元，让许多狗爸妈买不下手。没关系！本篇将菜篮车改造成质感高尚的狗推车，而且花费的材料费还是让狗爸妈傻眼的超级省呢！

材料名称	哪里买	价 格
四轮菜篮车	一般五金行	约500元
尼龙扎线带	一般五金行	50元100根（大约会用掉50根）
牛仔布	布料行	一码180元（一码布大小为90 cm×150 cm）
瓦楞纸板	从废弃纸箱上取得	0元
铺底毛布	布料行	零码布50元以内即可购得（若是使用不穿的衣物代替就可再省下材料费）
总　　计		780元

“菜篮车变身狗推车”制作流程

改造菜篮车之前，请先观察狗狗坐着和站着时，眼睛分别是怎样的高度，未来，我们将在这个高度范围中，帮狗狗开一扇窗户。

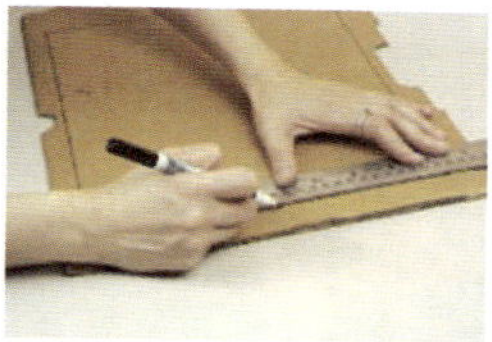

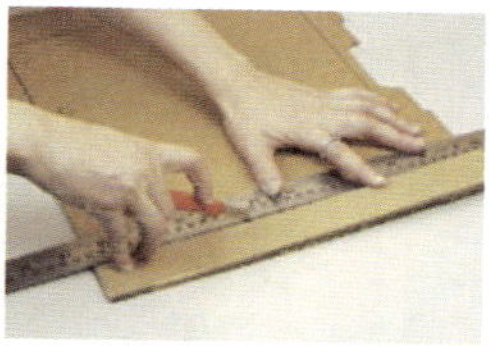

1 从制作狗推车底部座垫开始，先量出菜篮车底部的长、宽，接着在瓦楞纸板上画出底盘的大小，接着用美工刀将底部纸板模割下。

Tips!

由于纸板外还要包上布再塞进推车底部，所以瓦楞纸板上的底盘长、宽都要比实际量出的大小稍减一点，如果布越厚，就要减越多。

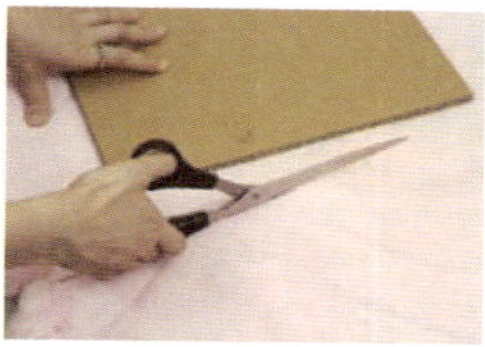

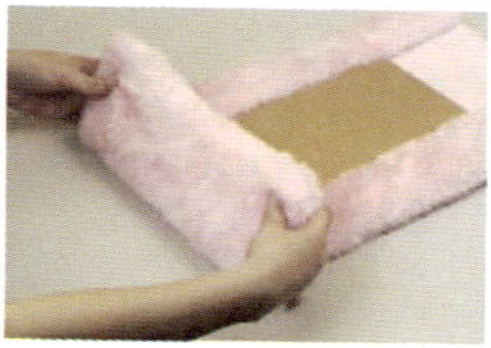

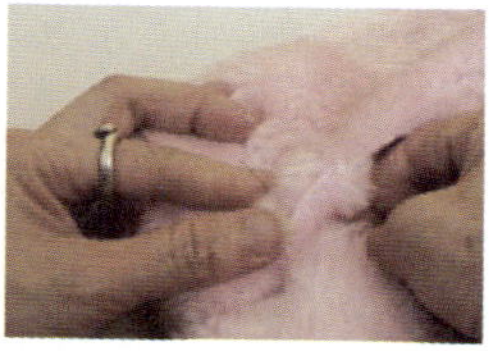

2 把铺底毛布垫在纸板模下，所需的布大小比纸板模大约每个边多5 cm即可，按照这个大小剪出所需的铺底毛布，用铺底毛布包住纸板模。

3 然后把四边缝紧加以固定。长、宽、高各加2～3 cm，作为预备缝边用。

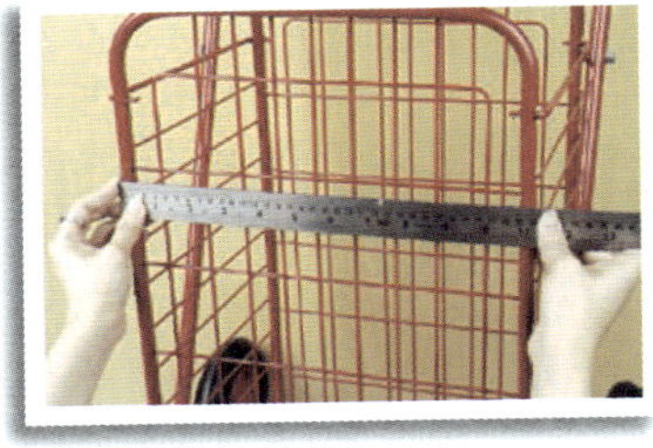

4 接下来，开始制作狗推车外观罩布，一共有5片罩布要处理，前、后、左、右及上方盖子的罩布。量出车子外观的长、宽、高，根据量出外观的长、宽、高各加2～3 cm，作为预留缝边用。

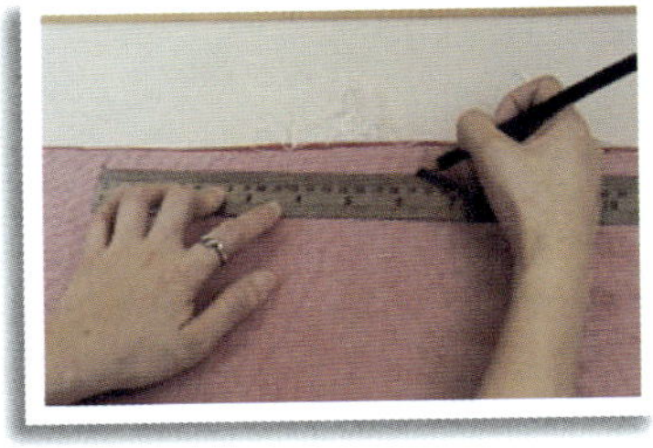

5 用尺和蜡笔在牛仔布的背面画出所需要的大小。

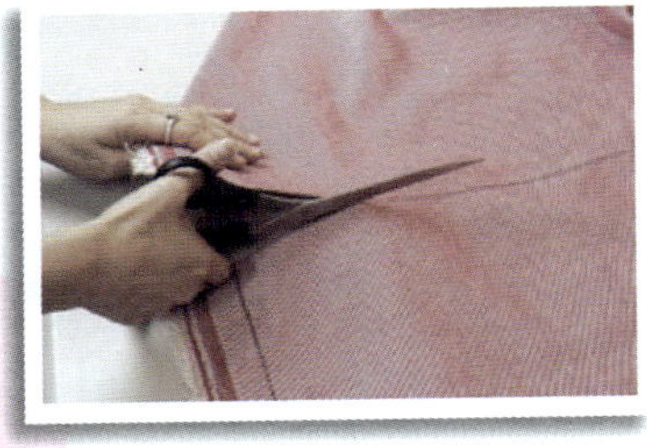

6 然后用剪刀按照所画出的轮廓，沿线剪下。

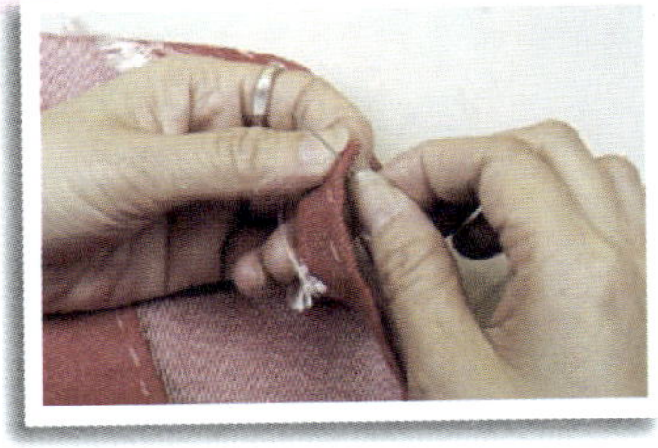

7 接着把布边往内折大约1 cm当作缝边，然后缝起来。

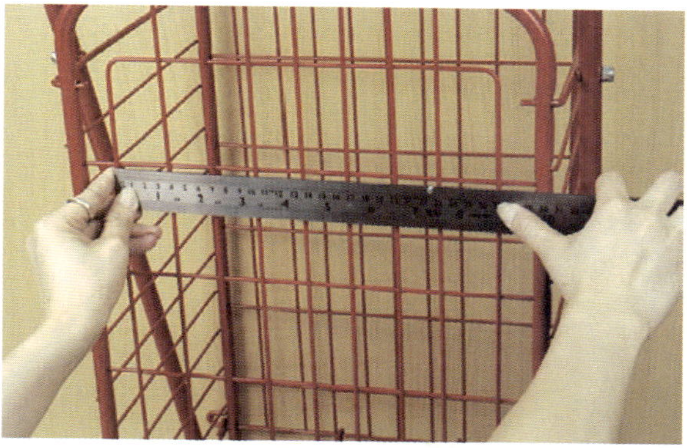

8 前、后、左、右及盖子的罩布都处理好之后，在最前方的罩布挖洞做出一个景观窗，让坐在推车里的狗狗可以看看风景。先量出观景窗的大小。

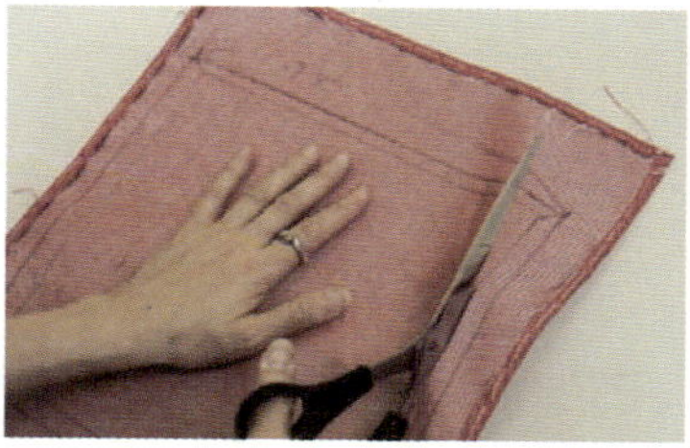

9 用尺和蜡笔在前罩布的背面画出观景窗的大小，记得要预留2～3 cm当缝边用，不需要的部分用剪刀剪下。此外，观景窗的底部挖洞高度，以你家狗狗坐着可看到外面的高度为基准，这样才不会完成后，狗狗坐在里面却看不到外面。接着剪开缝边的四个角和观景窗之间，这样在缝边时才能完全把边折进去。再来，将布边缝好即完成有观景窗的前布罩了。

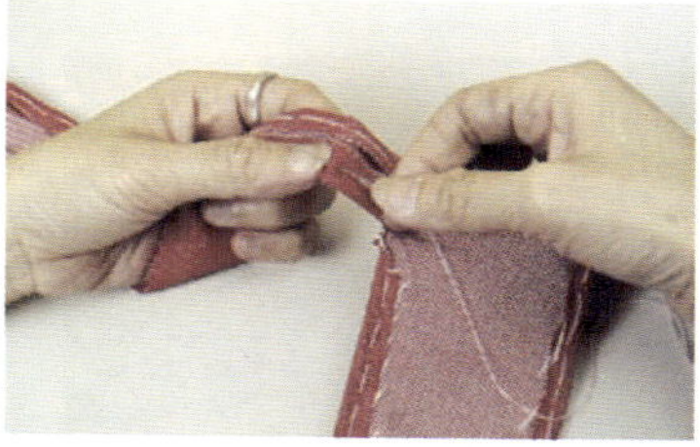

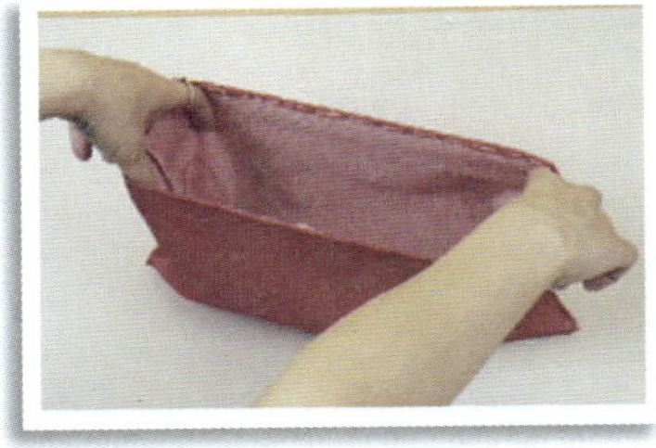

10 制作好5片罩布之后，把剩下的零碎布剪出一块完整的正方形，缝边，再对折缝起，就会变成一个口袋。

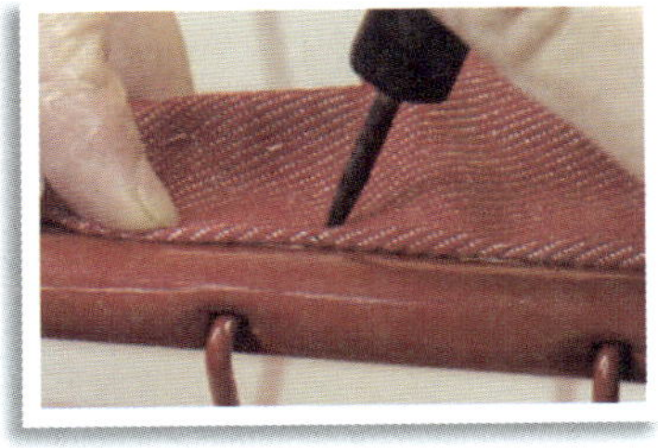

11 罩布和口袋制作完毕之后就可以开始组合了，先从前罩布开始。把前罩布和菜篮车的前面铁网对齐，用锥子在罩布上钻洞。

Tips!
钻洞的位置要紧邻铁网上的支架位置。

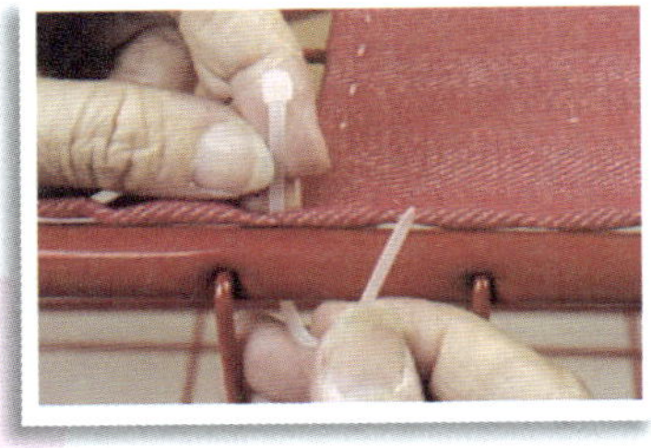

12 将扎线带从罩布上钻的洞穿过去，系住铁网支架。用力拉紧扎线带，依照这个方法，把所有的罩布固定在菜篮车上。

Tips!
后罩布要固定在铁架内侧，才方便将口袋固定在铁架外侧。

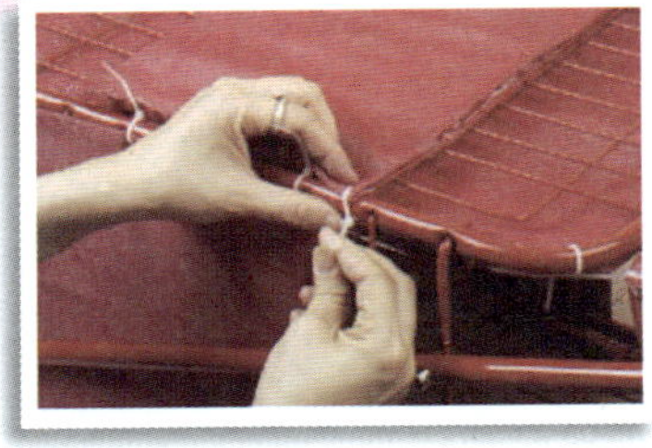

13 把用零码布制成的口袋固定在后罩布外的铁架上，就成为可以放狗狗饮水、塑料袋及报纸的置物袋，超级方便。

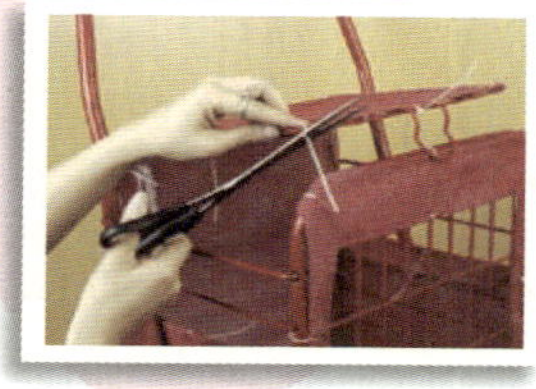

14 接着修剪扎线带，并且调整罩布的位置。

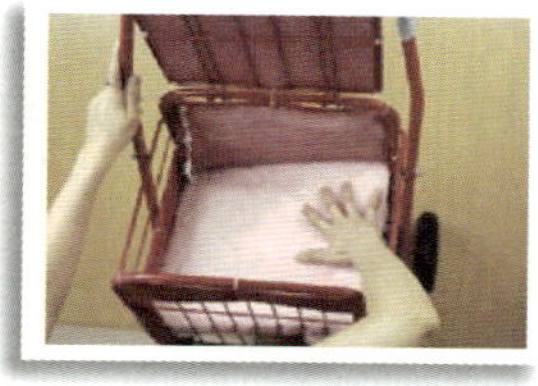

15 最后，将铺底毛布板放进菜篮车底部。

Tips!
若担心弄脏了铺底毛布，要常常更换实在太麻烦，只要在铺底纸板毛布上再放一块可随时清洗替换的布或软垫，每次散步完后随手更换，就不必担心狗推车清洗不易啰！

16 菜篮车已顺利变身成为狗推车！

解除带狗出门的烦恼

活泼可爱的小狗，体力往往比不上大狗，出门散步担心路况，下雨天又担心他淋到雨，抱抱却会手酸……现在这些困扰，都因这台自制的狗推车而获得解决，这，真是送给狗宝贝和自己最佳的礼物呢！

撰文／陈丽平
摄影／陈彦豪

耐磨布料的变身传奇

牛仔裤披风 & 洁牙绳

牛仔裤在跟不上流行之后，往往只能被打进冷宫。但现在，加上一点巧思，牛仔裤也能创造新用途，让它化身成为狗狗的保暖披风和耐咬洁牙绳！

Idea for my dog!

牛仔布的帅气和厚实感，很适合拿来做成狗狗披风，或是耐啃咬的创意洁牙拉绳。甚至还可以用剩下的小布块，包裹着发出声响的硬质塑料袋，缝合成为叽叽喳喳响的小玩具，总之，牛仔布真的很适合狗狗。

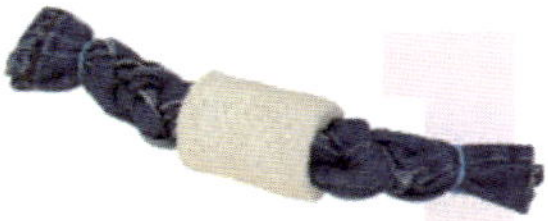

11 November

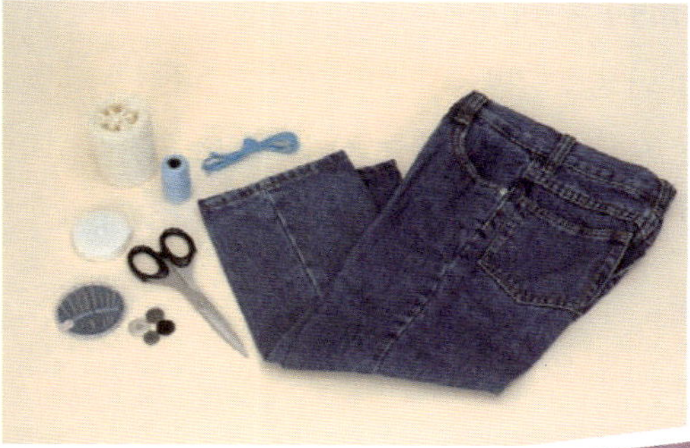

工具及材料

丝瓜布、手缝线、弹性绳、牛仔裤、剪刀、纽扣、针、皮尺（可视需要准备）

难易指数

材料取得	★☆☆☆
制作难度	★★☆☆
实 用 度	★★★★

牛仔裤无论价格再贵，若是遇到流行风潮改变，或是主人身材改变时，有的会被妥善珍藏，有的则成为旧衣回收的一员，更有甚者，可能从此搁在衣橱不见天日。然而，除了丢掉与收藏两种截然不同的处理方式外，还有其他方法可以让牛仔裤重新找到另一个价值！

本篇要教大家利用不要的牛仔裤，搭配家里现有的素材，简单制作牛仔狗披风及创意洁牙拉绳。只要稍微加工、改造，原本已不适合再穿的牛仔裤，就能摇身一变成为狗狗时尚用品，不但经济实惠又兼具质感，相信宝贝在拥有爸妈精心制作的牛仔用品后，一定能感受到被爱的幸福哦！

“牛仔狗披风”制作流程

牛仔狗披风的设计巧思，在于利用裤腰作为颈围，臀部上原有的口袋则加工变成狗狗的收纳宝袋，借力使力，让使用性更加提升。制作前，记得先将牛仔裤刷洗、晒干，才可开始加工喔！

帅气披风，5分钟搞定

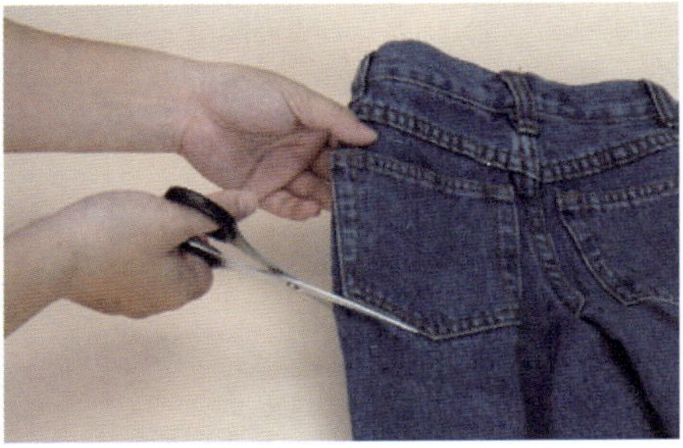

1 首先，将牛仔裤的臀部位置朝上，用剪刀沿着背面的口袋形状剪裁。

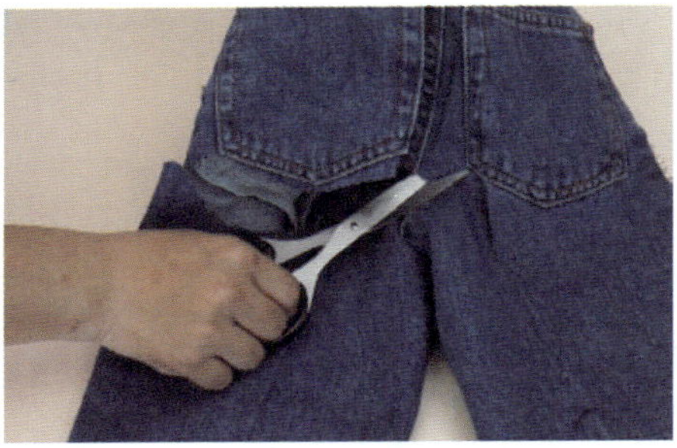

2 披风的大小、形状可随自己的喜好决定，但剪裁时请将口袋一并裁下，并且注意不要破坏裤管的部分。

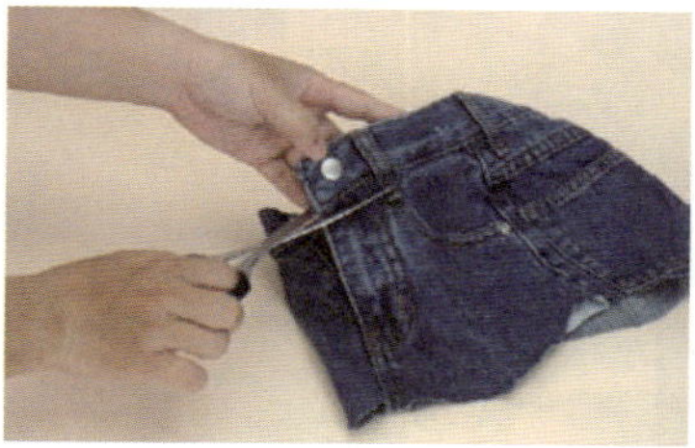

3 披风剪裁完成后，再用剪刀沿着裤头剪除多余的布料，只留下臀部的口袋形状。完成后，披风将会如图所示。

4 将披风试穿在狗狗身上，调整狗狗理想的颈围，并且在预计缝制纽扣的地方做上记号。

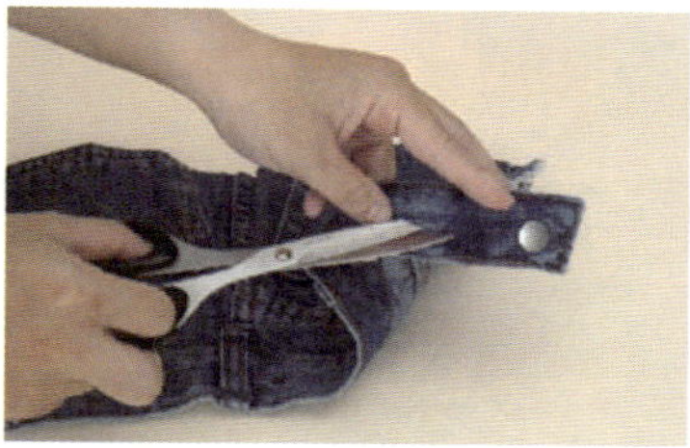

5 用剪刀在裤头的其中一边，剪一个可容纽扣进出的开口，切忌开口太大，以免纽扣容易脱落。

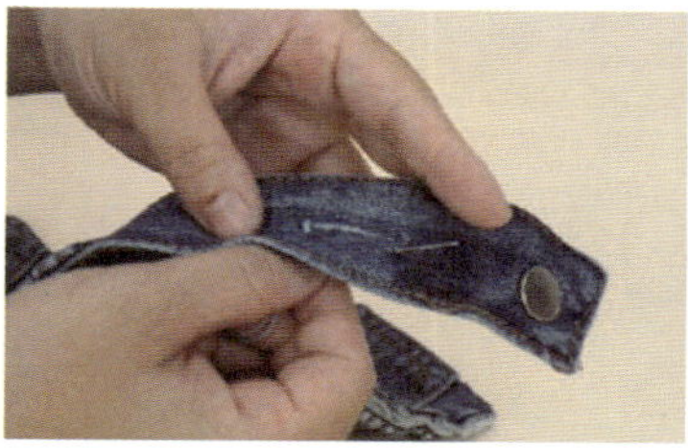

6 如果不慎将开口剪得太大，可使用针线将开口缝合至适当的大小。

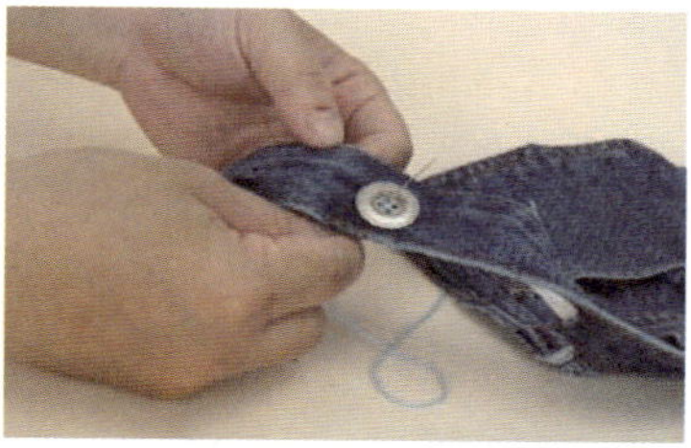

7 接着在腰带的另一边缝上纽扣。

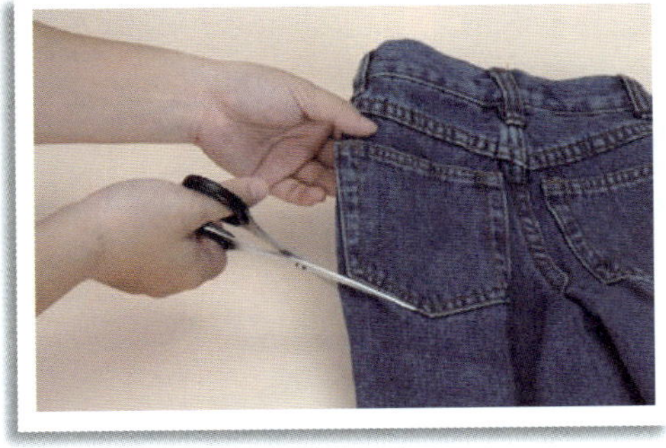

8 帅气的牛仔披风初步完成。

贴心纽扣，缝上关爱

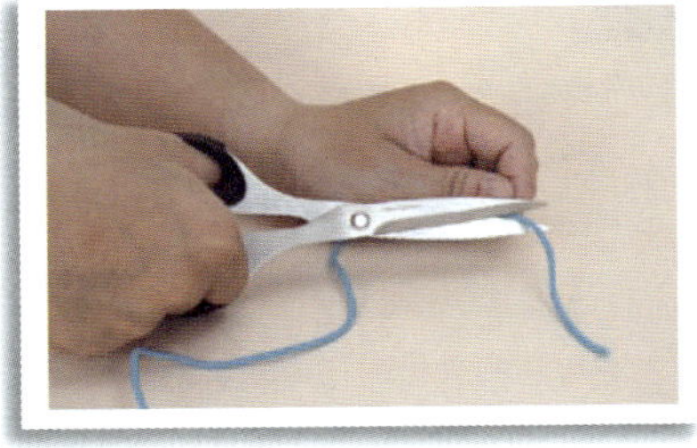

9 剪下一小段弹性绳，长度需足够打一个绳结，并且能扣住纽扣。

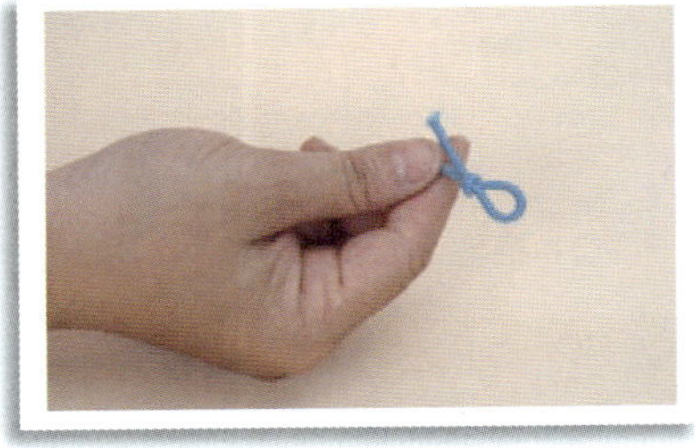

10 用针穿过打结处，将绳结缝在口袋内侧开口边缘的中间位置。

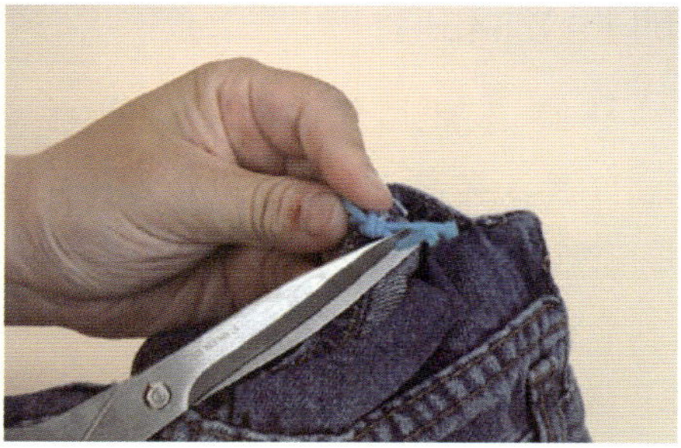

11 绳结固定后，将多余的弹性绳剪掉。

贴心纽扣，缝上关爱

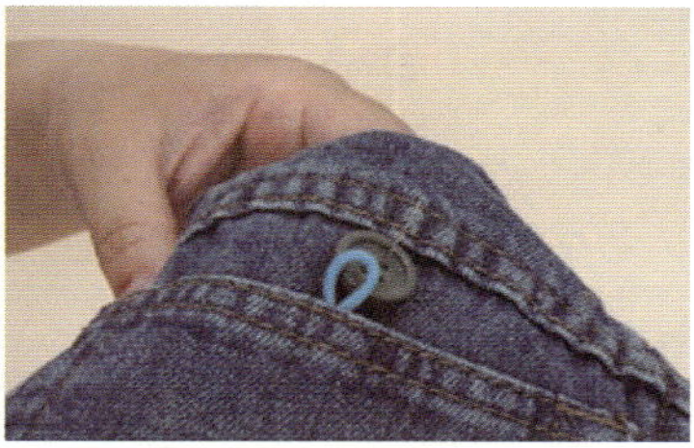

12 接着将纽扣缝在裤子上，纽扣的位置必须能够让绳结扣上。

13 完成后，可将平时狗狗外出散步需要的塑料袋、卫生纸等放在口袋里，不但方便而且也不会忘东忘西哦！

“创意洁牙拉绳”制作流程

牛仔布是很坚固耐磨的材质，加上有相同特质的丝瓜布，可合体变身成为超好玩的洁牙拉绳，一个市价200元左右的玩具如果从你手中诞生，想到宝贝的馋样，就迫不及待想快点做出来……。

麻花辫3分钟完成

1 将牛仔裤的裤管剪下，剪裁处的切口尽量维持平整。

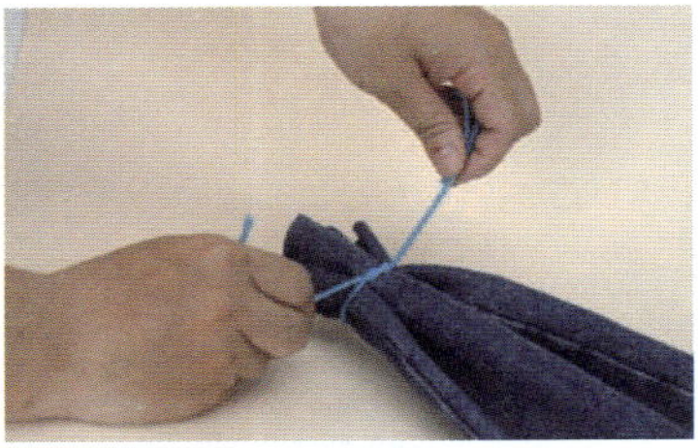

2 使用弹性绳绑住其中一边的开口。

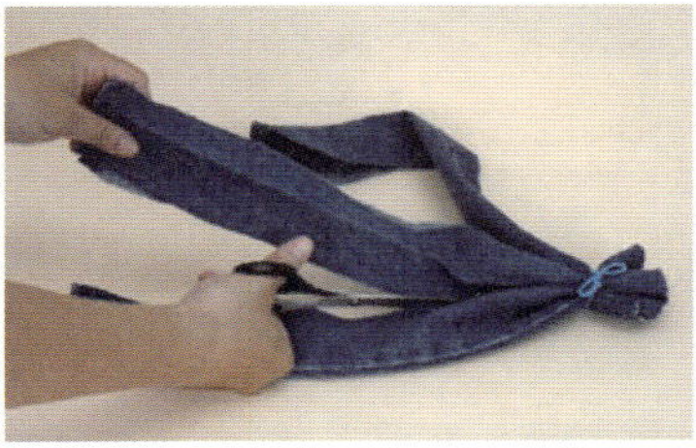

3 接着用剪刀将裤管平均剪成三等分，如图示。注意，只要剪至绳结处即可（划线处），不需全部剪开。

4 将裤管绑成麻花辫。

5 最后再用弹性绳绑住尾端，即完成。如右图所示。

丝瓜布创意加分

6 接续步骤 4，麻花辫绑至全长的1/3后（示范为绑到6 cm），拿出预备的丝瓜布，将布条分别塞入丝瓜的孔内，如图示。

Tips!

丝瓜布以往在农村是相当容易取得的物品，但是在都市里却不常见，购买时可在贩卖生活杂货的卖场，或者在沐浴用品的陈列区寻找，会较容易取得。丝瓜布请先洗涤干净，以免狗狗把脏污吃进肚子里。

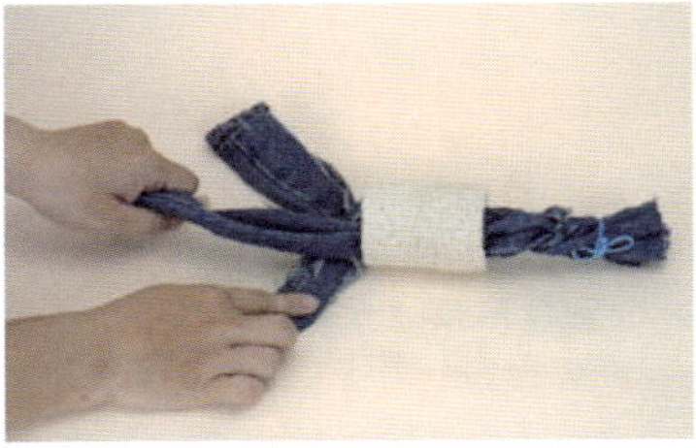

7 调整好丝瓜布的位置，再将剩下的布条绑成麻花辫。

8 最后使用弹性绳绑住尾端。

Tips!
由于示范的牛仔裤厚度较薄，因此使用双层的牛仔布来制作，若准备的牛仔裤布料较厚，可考虑只用单层布就好。

9 创意洁牙拉绳完成啰！

麻花辫简易教学

麻花辫的绑法相当简单，如果你还不会的话，不妨跟着下面的步骤一起做哦！

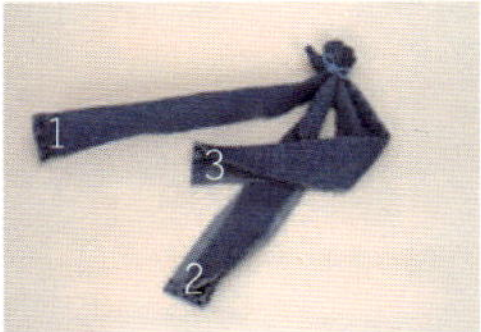

1 首先，将最右边的3号布条，往左拉盖在中间的2号布条上。

2 接着将最左边的1号布条，往右拉盖在位于中间的3号布条上，即完成一个麻花辫的循环。

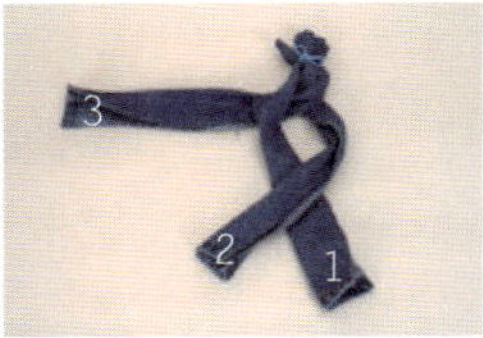

3 依左、右、左、右的循环方式，将最右及最左的布条，轮流盖住中间的布条.

11 November

一条牛仔裤，多种创意

记得尽量选择空隙较密的丝瓜布，狗狗的牙齿才不容易卡进隙缝中，避免在啃咬的过程中伤害到牙齿。而材料的选择方面，也可按照自己的需求准备，如果觉得制作洁牙骨时，弹性绳容易脱落，不妨稍微用针线将弹性绳固定在布条上，或者使用其他牢固的绳子捆绑。

两周一件，送给狗狗爱的亲手礼

撰文／Alice Mao
摄影／林永胜

暖呼呼，就像妈妈的怀抱

爱的软垫

当时序来到冷飕飕的冬天，如何帮狗狗营造一个温暖的家居生活，成了狗爸妈很重要的课题。将肚皮贴在磁砖上的狗宝贝，一定冷得很难过吧！这回，我们来帮宝贝做个像妈咪一样温暖、充满爱的软垫吧！

难易指数

材料取得	★☆☆☆
制作难度	★★☆☆
实用度	★★★★

工具及材料

衬衫1件、不穿的衣物数件、魔鬼毡1组、针、线、剪刀

Idea for my dog!

从外头买回来的软垫，好像少了爱的味道，那么自己亲手为宝贝做一个吧！用不穿的衬衫当成外层套，其他衣服当作内里，缝制出来的垫子软呼呼又暖烘烘，还有狗爸妈的气味，一定会让狗狗更有安全感，夜夜好眠喔！

寒流一波波，气温也逐渐下降，狗狗也需要保暖才不会着凉。别再让他趴在冰冷的地板睡觉了，给他一个蓬松舒适的软垫，狗狗可以睡得更温暖自在喔！

搜集不要的衣服进行简单加工，就可以让狗宝贝天天睡在独一无二的爱心垫子上，度过一个温暖舒服的冬天。趁着换季或年底除旧布新的时候，有计划地把即将淘汰的衣物分门别类，冬天的软垫主求保暖，夏季尽量透气，这样一来，狗狗一整年都能享受爸妈用爱心缝制的垫子了。

“爱的软垫”制作流程

将旧衬衫回收洗净，剪去多余的部分再缝合，就成了一个完美的正方形袋子。将不要的旧衣服洗净并经过日晒杀菌，塞入正方形袋子内，加以缝合，软垫就完成了。

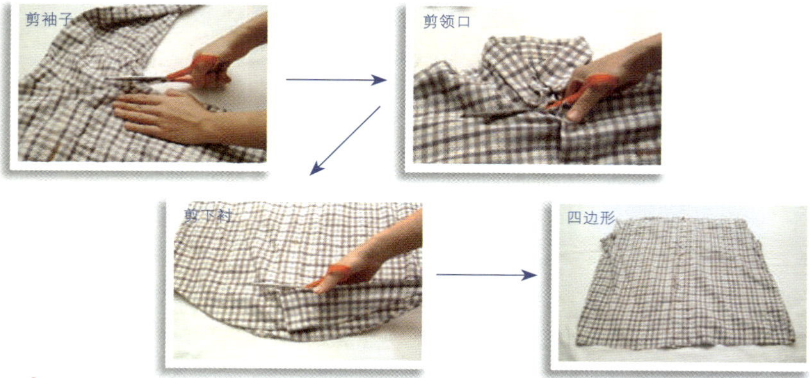

1 将衬衫打开铺平，用剪刀剪去两边袖子、领口及下摆，请尽量把它裁剪平整，近似一个四边形，接下来会比较好缝。

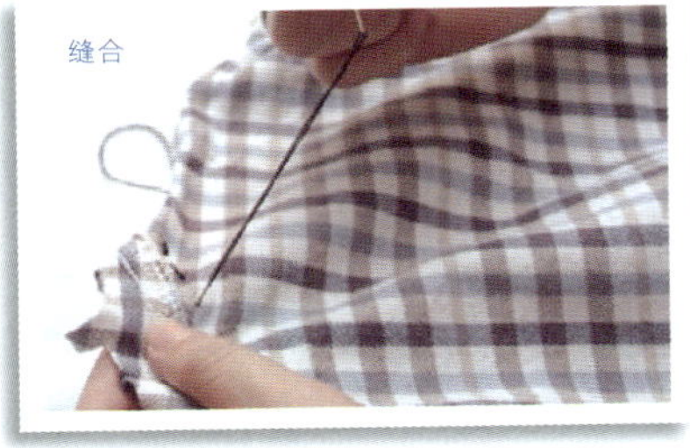

2 把剪好的衬衫由里而外翻过来，沿着剪过的地方用针线缝牢，缝的时候最好离边缘距离1 cm，尽量成一条直线（不要歪歪扭扭的），这样的话缝好后翻过来的成品比较漂亮也比较牢固。

Tips!
也可以使用缝纫机帮忙。

3 上下两边开口都缝好之后，翻过来撑开检查一下，是否有没缝到的地方或破洞。

4 将所有的纽扣（或装饰品）剪掉，让喜欢咬东西的狗狗没有把扣子吞下肚的机会。

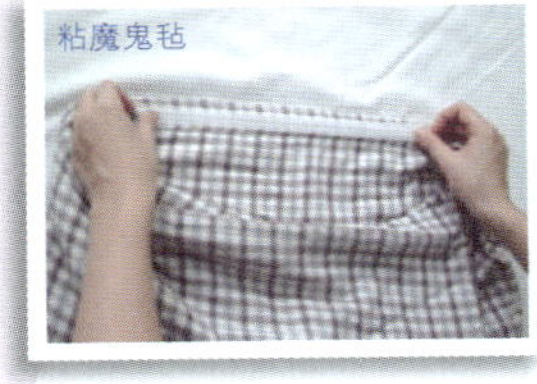

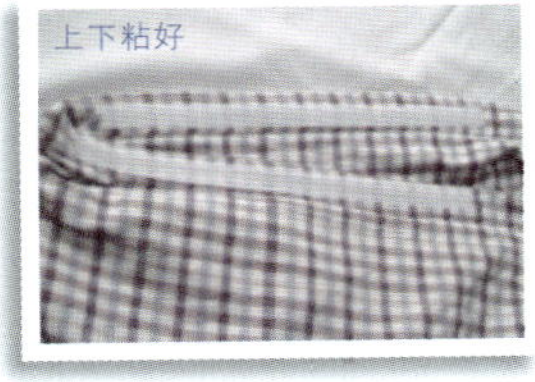

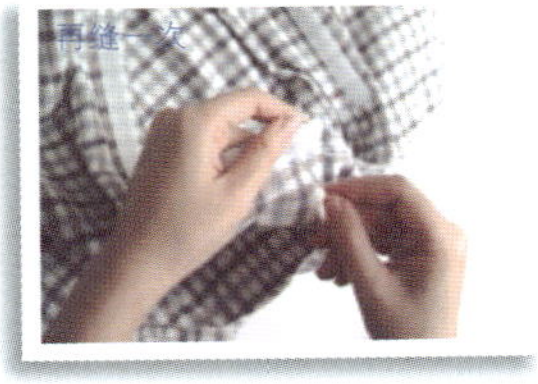

5 把魔鬼毡粘在原本是纽扣和纽扣洞的地方，上下对齐贴牢。若觉得它们还不够黏的话，可以自己加工，用针线沿着边边再缝一次，就更稳当了。

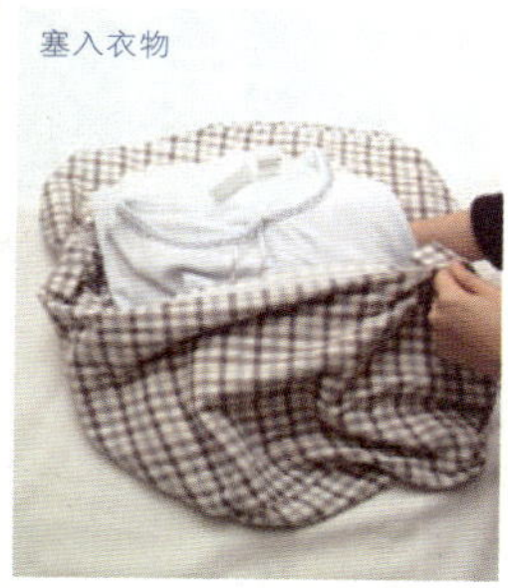

塞入衣物

放平整

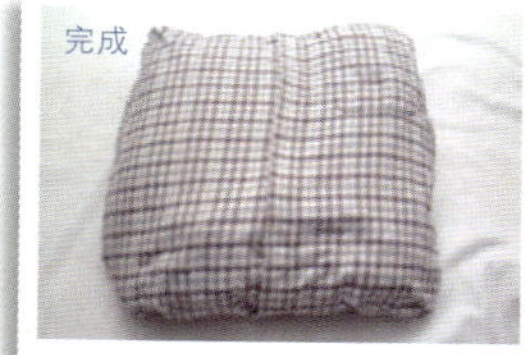

完成

7 完成的这个软垫，有爸妈的味道喔！

6 先把不要的衣物折叠整齐，有秩序地把衣物放入，尽量理平，让表面看起来饱满平整，最后将开口黏合就大功告成啰！

换季别忘了回收旧衣

每次换季，很多不想要的衣物会被丢弃，现在你知道旧衣服的妙用了！让狗狗使用爱的软垫，请记得定期换洗；如果家中不要的旧衣够多，随时可以再缝置新软垫，届时把旧了、脏了的软垫丢弃也不会心疼呢！

两周一件，送给狗狗爱的亲手礼

撰文／孙依雯
摄影／陈彦豪

和心爱狗欢度佳节

圣诞树吊饰

说到12月，大家想到的一定是温馨的圣诞节。身为爱狗一族，圣诞树上当然少不了狗宝贝的身影。本篇将示范两种不同风格的吊饰DIY，透过简易的劳作，就可以让狗宝贝的照片变成独一无二的圣诞吊饰喔！

Idea for my dog!

狗狗的照片，是世界上最可爱的珍宝，把它放在圣诞树上秀出来吧！狗狗的笑脸会让圣诞气氛更加欢愉，只要做好保护，加上可吊挂的“耳”，制作就是这么简单。

12 December

工具及材料

剪刀、美工刀、双面胶、珍珠板、瓦楞纸、A4投影片、色纸、2～3段小缎带、打洞机、三秒胶、回形针

难易指数

材料取得	★☆☆☆
制作难度	★★☆☆
实用度	★★★★

对于爱狗的朋友来说，如果自家爱犬也能成为圣诞树的一部分……咦？这可能吗？别怀疑，赶快把狗宝贝最可爱的照片找出来，用它制作成可爱的圣诞吊饰，这样自然能布置出专属于你家的圣诞树。

如何在最短时间内，将狗狗照片加工成两种超可爱的圣诞装饰物，这么厉害的本事，一定要学会唷！

“圣诞树吊饰”制作流程

利用不同颜色、材质的纸板，设计出层层叠叠的相框，展示你和狗宝贝的合照。这件作品吊在圣诞树上很显眼，圣诞节过后，还可以改放于床头或办公室桌案，让宝贝的笑脸时时陪伴着你。

相框吊饰

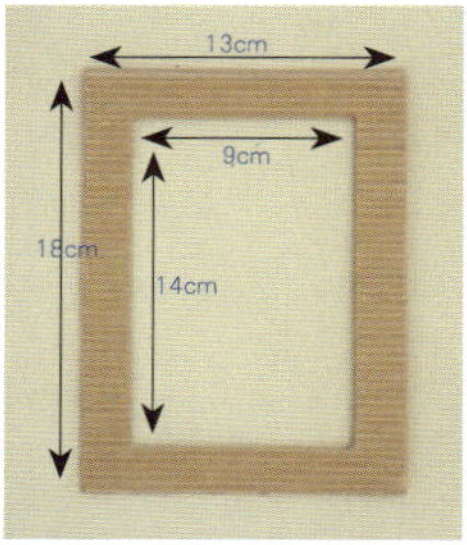

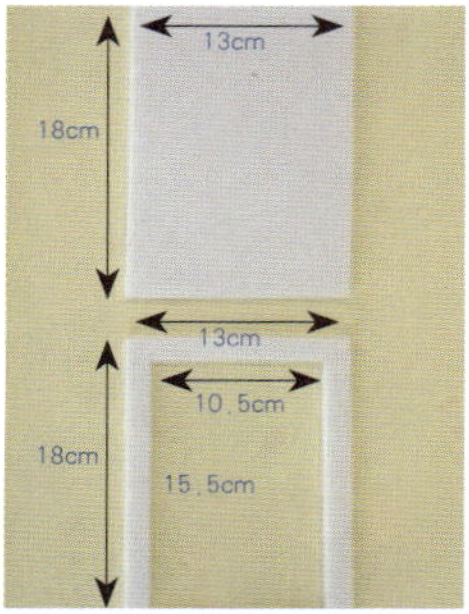

1 这里我们要做的是4×6（10.2 cm×15.2 cm）照片的专用相框吊饰。首先按照下图的尺寸（外围13 cm×18 cm，内围9 cm×14 cm）割好一个瓦楞纸框架。

2 再按照上图尺寸割两块珍珠板。

3 将两片珍珠板以双面胶组合（底板在下，框架在上）。然后将照片放在相框里，再粘上瓦楞纸框架。（图上数字为最底层至最上层的次序）

4 利用瓦楞纸和色纸制作相框上的小装饰：示范中，剪了根骨头并贴上狗狗的名字，另外用色纸拼成一道小彩虹，然后将这些小装饰贴到相框上。

5 在相框背后中上方的位置贴上小缎带。

6 相框吊饰完成啰！

可爱狗狗吊饰

1 找出一张狗狗的全身照，前后各放一张投影片，用回形针固定后，沿着狗狗的边缘剪下来，边缘请留0.5 cm以上的宽度，特别是头上要留多一点空间，以预留打洞的空间。剪好投影片之后，再单独拿狗狗相片出来，将刚才多出来的空白部分沿着狗狗的身体边缘剪掉。

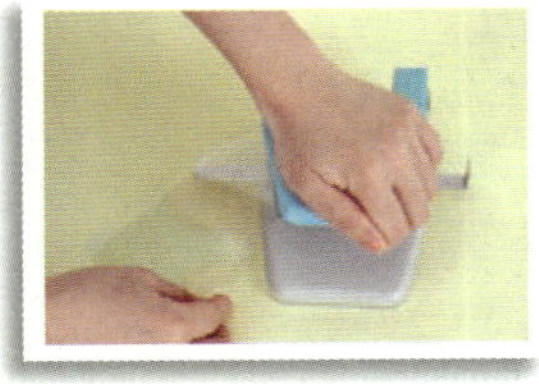

2 将两片投影片重叠，在头顶位置用打洞机打个小洞。

3 将狗狗照片稍微贴在其中一片投影片上。

4 再将另一片投影片盖上来，将小缎带穿过刚打的洞绑好，最后在狗狗脖子处粘上小蝴蝶结增加俏皮感，这样就大功告成了！

有狗同乐的圣诞氛围

把你与狗狗的照片美美地装饰在圣诞树上，让你家的圣诞树变得更特别吧！这两种小吊饰的制作步骤简单，在其中还可随性发挥创意，作品绝对独具个人风格，也为你和宝贝的圣诞佳节增添不少趣味喔！

两周一件，[illegible]狗爱的亲手礼

撰文／詹佑君
摄影／高国展、陈彦豪

狗狗找乐子不求人

松紧带咬咬乐

啃啃啃、咬咬咬，不论是大狗小狗，他们的成长期都有这么一段过程，当你没时间陪宝贝玩，他只好自己去找“玩伴”，也许是一包卫生纸、一只拖鞋，或是一支桌脚……。这时候，只需要一条松紧带，就能施展出让他乖乖的魔法……。

Idea for my dog!

运用松紧带的弹力吸引狗狗不断拉扯，玩具仿佛长出脚会跑来跑去，狗狗就比较不会厌烦。制作的关键在于松紧带的加工，以及松紧带和玩具之间的固定，这是个绝对做得出来的DIY。太小的幼犬行动若还不敏捷，最好等他长大些再给他玩。

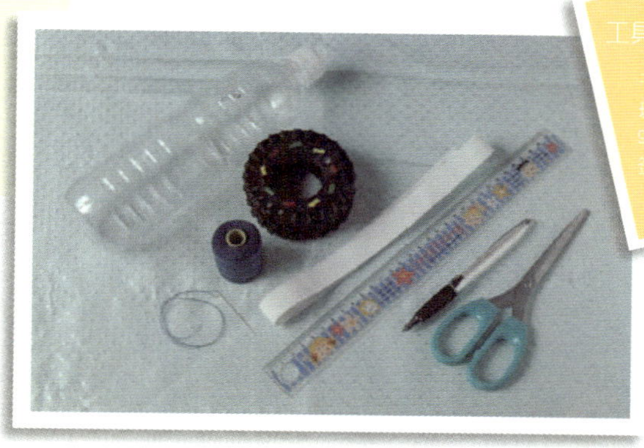

工具及材料

干净的宝特瓶、针、线、狗玩具、松紧带（宽2 cm，长90 cm）、直尺、原子笔（或签字笔、2B铅笔）、剪刀

难易指数

材料取得	★☆☆☆
制作难度	★★☆☆
实用度	★★★☆

啃咬是狗狗的天性，特别是会动的东西，例如走动的人、晃动的手指头、摆动的线……，对狗狗来说都是新奇的玩意儿。当你忙得没时间陪狗狗玩耍，或许会给他玩具希望他乖乖自己玩，但是不会动的玩具，聪明宝贝一下子就玩腻了，于是，他只好随意玩起周遭的东西打发无聊，举凡家具、卫生纸、拖鞋，甚至是电线、网络线，都可能成为他的猎物。

狗爸妈难免有忙碌的时刻，又舍不得狗狗感到无聊，现在有个方法能让他们玩得自得其乐——小小一条松紧带，就能让平凡的玩具变得有趣新鲜，帮助宝贝打发时间，并且转移他们对家具的注意力，不再对无辜的桌脚、柜子、沙发上下其“口”喔！

“松紧带咬咬乐”制作流程

利用松紧带的弹性，吸引狗狗不断拉扯玩具，彷佛有人和他角力一般，他会乐此不疲。因为狗狗的力道不小，制作咬咬乐有两个关键一定要注意：其一，要将松紧带缝牢才不会一扯就断；其二，要绑在够重、够安全的地方，即使绑在厚重的桌脚，也要小心桌面是否会有危险物掉落下来。

松紧带加工

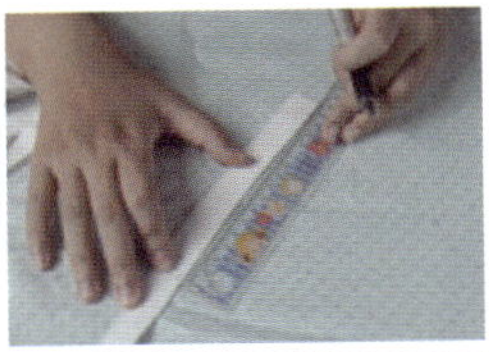

1 将松紧带两端分别量出30 cm和16 cm，并用笔标上记号。比较短的那端为绑玩具端，另一端则为固定端。

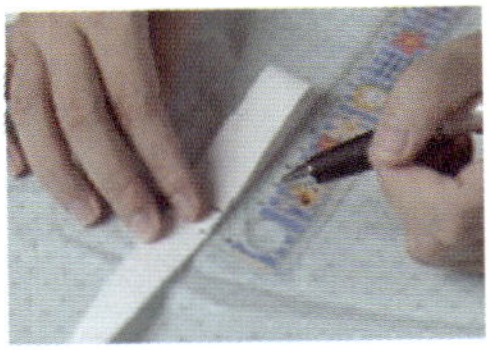

2 量好长度后，把松紧带两末端各自对折至刚才用笔标记的地方，再从末端往回量1 cm，并标上记号，准备缝合。

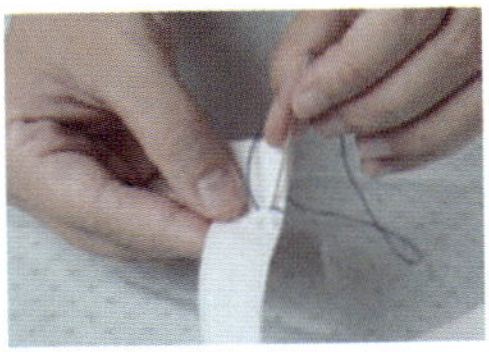

3 在做好记号的1 cm处，使用回针缝缝合（此图仅为缝法示范）。

4 结束时，请将结打在两条松紧带之间，减少线脱落的机会。

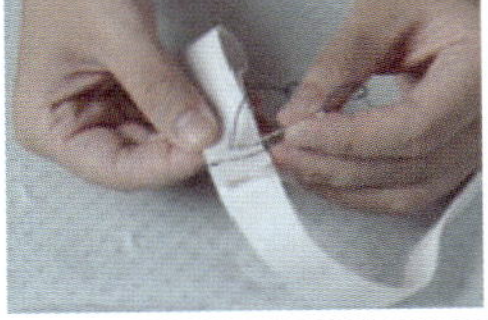

5 距离第一条缝线约0.5 cm的地方，也就是距松紧带末端约1.5 cm，再用回针缝缝合以求更牢固。

6 松紧带加工完成了。

咬咬乐变身法

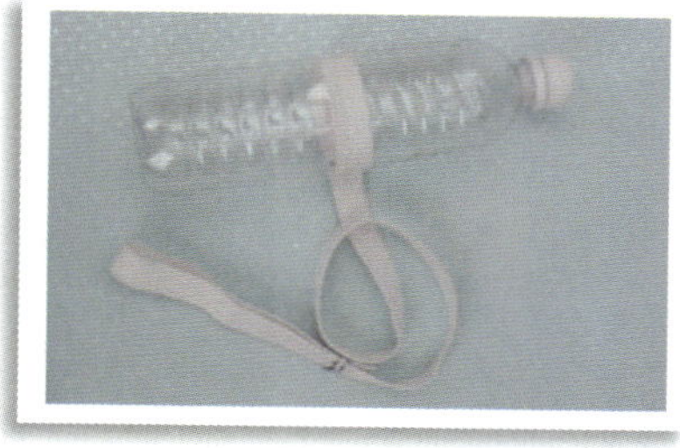

7 将绑玩具端绕过玩具。若是使用宝特瓶或其他柱状玩具，可直接将松紧带对折形成的圈圈套至玩具上。

足部缝线小技巧

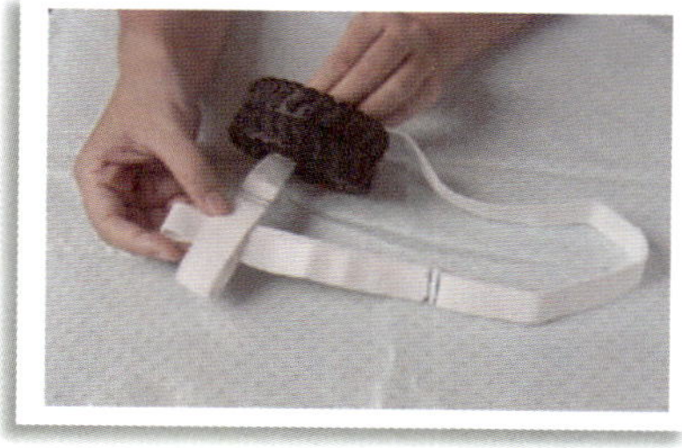

8 将固定端穿过绑玩具端的圈圈并拉紧。

9 玩具固定完成。

10 用步骤7～8的方法，将玩具绑在家中安全的地方（例如稳固的桌脚），即可让狗狗尽情拉扯啃玩啰!

Tips!

测量松紧带绑玩具端的长度时，请依你家狗狗的玩具宽度来做调整，而松紧带也可视场地大小、狗狗的状况来决定长度。如果狗狗力气较大，可考虑将两条松紧带结合为一，玩具能承受更大的拉扯力。

大家来学回针缝

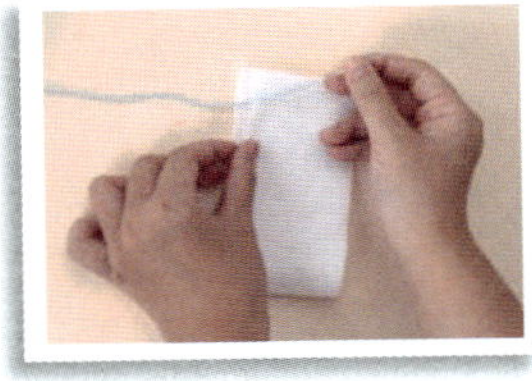

1 针线从上方的布底穿出，让线尾藏在两块布之间。

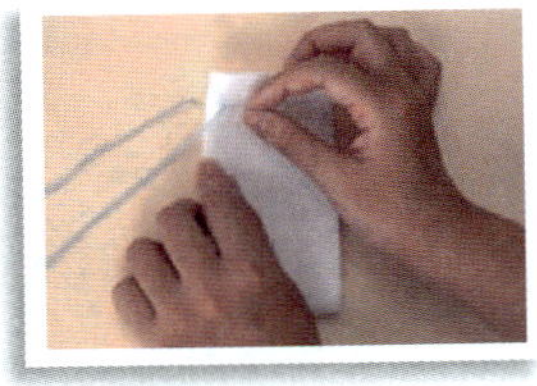

2 将针线往左绕至下方布底，在第一针的右方穿出。

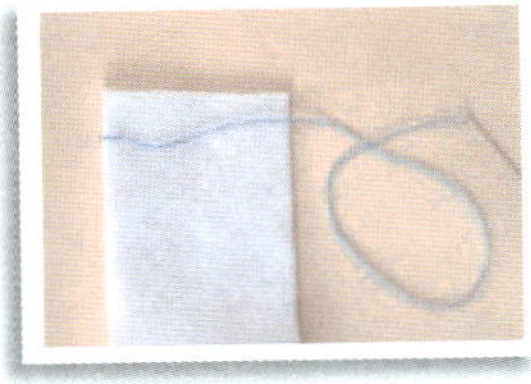

3 穿出后如图所示。

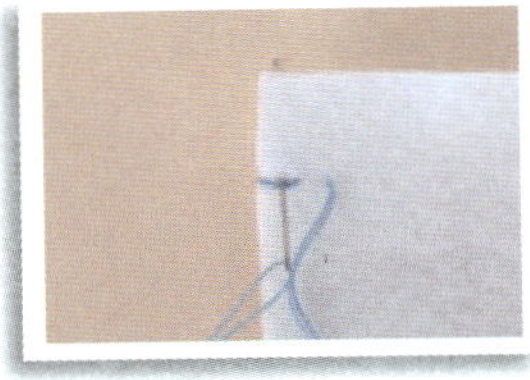

4 接着，针线返回至前方线段约1/2处穿入两片布。穿入位置可选择在前方线段的略上方或略下方，之后保持同一方向，整体会较为美观。

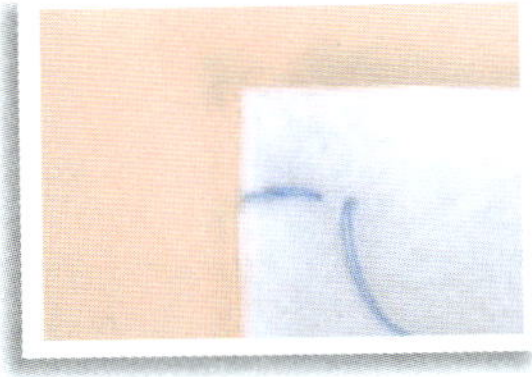

5 将在布底的针线往右穿出，并持续重复步骤2～4。

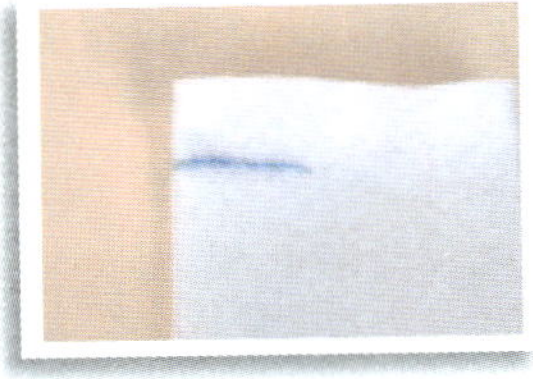

6 让回针缝如此来回交叠成一条线，完成你所缝制的物品。

Tips!
回针缝一般使用在缝制的开始和结束，目的是为了使物品更为牢靠、扎实。

引导玩法更要监控安全

刚开始给狗狗玩时，狗爸妈请务必在旁观察，若狗狗只啃咬松紧带，请示范将玩具稍微拉远再放手，让狗狗知道这样玩具就会“自己动来动去”，有两点安全事项要提醒狗爸妈：

1.在狗狗每次玩耍后应检查玩具的状况，如有线头脱落的情形，务必重新缝好再给狗狗玩。

2.请斟酌狗狗拉扯的力道，绑松紧带的固定端一定要牢靠，以免发生意外。

图书在版编目（CIP）数据

27种爱犬生活用品DIY/DOG NEWS 编辑部 编著.—北京：中国农业大学出版社，2008.10

ISBN 978-7-81117-562-2

Ⅰ.2… Ⅱ.D… Ⅲ.犬－日用品-制作 Ⅳ.S829.2

中国版本图书馆CIP数据核字（2008）第130801号

著作权合同登记图字：01-2008-3485

书　　名　27种爱犬生活用品DIY

作　　者　DOG NEWS 编辑部 编著

策　　划　六睿工社

责任编辑　潘晓丽

封面设计　东方黑马

责任校对　王晓凤　陈　莹

出版发行　中国农业大学出版社

社　　址　北京市海淀区圆明园西路2号

邮政编码　100193

电　　话　发行部 010-62731190,2620

编辑部 010-62732617,2618

读者服务部 010-62732336

出版部 010-62733440

网　　址　http://www.cau.edu.cn/caup

e-mail　cbsszs@cau.edu.cn

经　　销　新华书店

印　　刷　涿州市星河印刷有限公司

版　　次　2008年10月第1版　2009年4月第2次印刷

规　　格　880×1230　32开本　5印张　139千字

定　　价　22.00元

图书如有质量问题本社发行部负责调换